邹叶茂　张崇秀　编著

小龙虾稻田综合养殖技术

XIAOLONGXIA DAOTIAN ZONGHE YANGZHI JISHU

化学工业出版社
·北京·

《小龙虾稻田综合养殖技术》由湖北生物科技职业学院水产专家精心编写。内容涵盖小龙虾的养殖价值和生物学特性、小龙虾的人工繁殖、苗种培育、稻田养殖工程建设、小龙虾稻田综合养殖技术、小龙虾营养与饲料、小龙虾暂养与运输、小龙虾病害防治等。通过各种小龙虾稻田养殖模式介绍和成功经验分享，全面展示了稻田小龙虾综合种养的无穷魅力和广阔的前景。内容主要来自作者第一手资料，与生产实践结合紧密，力求使读者一看就懂，一学就会，真正发挥科技对产业的引领和指导作用。

《小龙虾稻田综合养殖技术》构思新颖，文字简练，通俗易懂，可操作性强，反映了当前我国小龙虾养殖的最新成果，可谓集科学性、实用性、先进性和趣味性于一体，是一本不可多得的农业大众科技读物，可供广大小龙虾养殖户学习借鉴，也可作为新型农民创业和行业技能培训教材，还可供基层水产技术人员、水产相关专业师生及水产动物爱好者阅读参考。

图书在版编目（CIP）数据

小龙虾稻田综合养殖技术/邹叶茂，张崇秀编著．—北京：化学工业出版社，2015.9（2018.8重印）
ISBN 978-7-122-24682-0

Ⅰ.①小… Ⅱ.①邹…②张… Ⅲ.龙虾科-淡水养殖 Ⅳ.①S966.12

中国版本图书馆CIP数据核字（2015）第166040号

责任编辑：迟　蕾　李植峰　　文字编辑：李　曦
责任校对：宋　玮　　装帧设计：刘丽华

出版发行：化学工业出版社（北京市东城区青年湖南街13号　邮政编码100011）
印　　刷：北京京华铭诚工贸有限公司
装　　订：北京瑞隆泰达装订有限公司
850mm×1168mm　1/32　印张4¾　字数107千字
2018年8月北京第1版第6次印刷

购书咨询：010-64518888（传真：010-64519686）
售后服务：010-64518899
网　　址：http://www.cip.com.cn
凡购买本书，如有缺损质量问题，本社销售中心负责调换。

定　　价：**15.00元**

前言

小龙虾以其独特的风味和丰富的营养征服了广大消费者，成为众所周知的佳肴美馔。目前小龙虾已由过去的“小水产”发展成为支柱产业和特色水产。虾乡稻、楚江红、宜城大虾、盱眙小龙虾等著名品牌享誉海内外。小龙虾不仅在国内市场供不应求，也是我国渔业出口创汇重要水产品。

小龙虾稻田综合种养技术巧妙地利用各种养殖对象生活的水层和饵料的差异，使稻田资源得到全面利用，是稻田养鱼、鱼稻共生理论的传承与创新。虾稻共生、虾稻连作、虾蟹鳖鳅稻等综合种养技术惠及广大水稻产区。该项技术的应用具有投资小、见效快、节能环保、生态高效的特点，可实现一田多用、一水两用、一年多收、粮渔双赢，极大地调动了广大农民朋友种田种粮的积极性和创造性，引领着众多农民朋友实现了经济富裕、生活幸福的梦想。

为了满足广大水稻种植户、水产养殖户和基层水产技术人员对小龙虾稻田综合种养技术的迫切要求，《小龙虾稻田综合养殖技术》终于和广大读者见面了。作者总结了自己多年从事小龙虾养殖的实践经验，特别是近两年的研究成果，其主要内容来自第一手资料，与生产实际结合紧密，使读者一看就懂，一学就会。尤其是书中的各种综合养殖模式具有很强的指导性。同时，作者还参考了许多同仁的研究成果和相关资料，在此一并致谢。

由于时间仓促和编者水平所限，疏漏之处在所难免，恳请各位读者批评指正。

编者

2015 年 7 月

目录

1 概述

1.1 小龙虾的经济价值

(1) 认识小龙虾

小龙虾，在动物分类学上隶属节肢动物门、甲壳纲、十足目、蝲蛄科、原螯虾属。它在淡水螯虾类中属中小型个体，原产地北美洲，现广泛分布于世界上五大洲40多个国家和地区。由于小龙虾与地中海的大龙虾体形极其相近，所以得此俗称。

日本最早从美国引进小龙虾，是在第一次世界大战期间，将其主要用作食物、宠物和牛蛙的饲料，并得以大面积的繁衍和扩散。我国的小龙虾是在20世纪30年代从日本引入的，最初在江苏的北部，50年代初即在南京出现。引入的原因说法不一，更多地倾向于当时的日本商人把小龙虾作为宠物随身带入中国。

随着小龙虾的繁衍生息，自然种群数量不断增长，以及各种水域中生物的交换和人类频繁的经济活动，其种群迅速扩散开来，现已遍布除新疆、西藏之外的30多个省、市、自治区，尤其在长江中下游地区种群数量最大，广泛分布于江河、湖泊、沟渠、池塘和稻田中，是一种重要的水产资源，已成为我国主要养殖的甲壳类水生经济动物之一，并成为渔业出口创汇的重要水产品。

（2）食用价值

小龙虾肉味鲜美，风味独特，蛋白质含量高，脂肪含量低，虾黄具有蟹黄味，且钙、磷、铁等含量丰富，是营养价值较高的动物性食品，已成为我国城乡居民餐桌上的美味佳肴。小龙虾还具有一定的食疗价值，在国内外市场上的消费与贸易与日俱增。

小龙虾可食率为20%～30%，虾肉占体重的15%～18%。从蛋白质成分来看，小龙虾蛋白质含量高于大多数的淡水和海水鱼虾。小龙虾肉中，含水分8.2%，蛋白质58.5%，脂肪6.0%，甲壳素2.1%，灰分16.8%，矿物质6.6%。其氨基酸组成优于肉类，含有人体所必需的而体内又不能合成或合成量不足的8种必需氨基酸，不仅包括异亮氨酸、色氨酸、赖氨酸、苯丙氨酸、缬氨酸和苏氨酸，而且还含有脊椎动物体内含量很少的精氨酸。此外，龙虾还含有儿童必需的组氨酸。特别是其占体重5%左右的肝脏（俗称虾黄），味道别致，营养丰富，虾黄中含有丰富的不饱和脂肪酸、蛋白质和游离氨基酸。

从脂肪成分来看，小龙虾的脂肪含量比畜禽肉类一般要低20%～30%，大多是不饱和脂肪酸，易被人体消化吸收，还可以使胆固醇酯化，防止胆固醇在体内蓄积。

从微量元素成分来看，小龙虾含有人体所必需的矿物质成分，含量较多的有钙、钠、钾、磷，比较重要的还有铁、硫、铜和硒等微量元素。小龙虾中矿物质总量约为1.6%，其中钙、磷、钠及铁的含量都比一般畜禽肉高，也比对虾高。因此，经常食用小龙虾可保持神经、肌肉的兴奋性。

从维生素成分来看，小龙虾也是脂溶性维生素的重要来源之一，小龙虾富含维生素 A、维生素 C、维生素 D，并大大超过陆生动物的含量。

(3) 药用价值

小龙虾还有重要的药用价值。小龙虾肉质中蛋白质的分子量小，含有较多的原肌球蛋白和副肌球蛋白。食用龙虾具有健胃补肾、壮阳滋阴的功能，对提高运动耐力也有很大的帮助。小龙虾的甲壳比其他虾壳更红，这是由于小龙虾比其他虾类含有更多的铁、钙和胡萝卜素。小龙虾壳和肉一样对人体健康很有利，可以治疗和预防多种疾病。将虾壳和栀子磨成粉末，可治疗神经痛、风湿、小儿麻痹、癫痫、胃病和一些常见妇科病。用小龙虾壳作原料还可以制造止血药。从小龙虾的甲壳里提取的甲壳素可以进一步分解成壳聚糖。壳聚糖被誉为继蛋白质、脂肪、糖类、维生素、矿物质五大生命要素之后的“第六大生命要素”，可作为治疗糖尿病、高血脂的良方，是 21 世纪医疗保健品的发展方向之一。另外，小龙虾还可以入药，能化痰止咳，促进手术后的伤口愈合。

(4) 工业原料

小龙虾的虾头和虾壳含有 20％的甲壳质，经过加工处理能制成可溶性甲壳素、壳聚糖，广泛应用于农业、食品、医药、饲料、化工、烟草、造纸、印染等行业。

甲壳素是自然界中含量仅次于纤维素的有机高分子化合物，也是迄今发现的唯一天然碱性多糖。大量存在于甲壳类动物体内。甲壳素的化学性质不活泼，溶解性差。脱去乙酰基后，可转变为壳聚糖。壳聚糖被广泛应用于农业、医药、日用化工、食品加工等诸多领域。在农业上可以促进种子发育，提高植物抗菌力，做地膜材料；在医药方面可用于制造降解缝合材料、人造皮肤、止血剂、抗凝血剂、伤口愈合促进剂；在日用化工领域可用于制造洗发液、头发调理剂、固发剂、牙膏添加剂等，具有广阔的发展前景。此外，虾壳还可制作生物柴油催化剂，出口到美国、欧洲地区的发达国家。目前此类产品已经批量进入欧美市场，深受消费者欢迎；更为难得的是，从可持续发展和环保的角度分析，由于塑料很难自然降解，已造成全球性“白色污染”，甲壳素作为理想的制膜材料，有望成为塑料的替代品。如果能对废弃的虾头、虾壳形成产业化、规模化的深加工和综合利用，采取有效措施推动小龙虾产业的深度开发，不仅解除了小龙虾加工出口产业的后顾之忧，增强小龙虾仁等产品在国际市场的竞争力，而且其衍生的高附加值产品有近100项，转化增值的直接效益将超过1000亿元，将新增就业岗位10多万个。

D-氨基酸葡萄糖盐酸盐（简称GAH）是甲壳素水解产物，能促进人体黏多糖的合成，提高关节润滑液的黏性，改善关节软骨代谢，促进软骨组织生长。GAH制备的方法是先从虾壳中提取出甲壳素，再将其在盐酸中水解而得到目的产物。医学上利用GAH制成治疗关节类疾病的复方氨基糖片，合成氯脲霉素等多种生化药剂。GAH也是重要的婴儿食品添加剂，还可以用作化妆品和饲料添加剂。

小龙虾体内所含的虾青素是一种应用广泛的类胡萝卜素，有较强的清除自由基的作用，能抗氧化、提高免疫力、预防癌症。虾青素不仅可使观赏鱼类颜色更加鲜艳，同时能提高水生生物的繁殖率，还可以作为新型化妆品原料。

在小龙虾加工过程中，废弃的虾头和虾壳也是调味品开发的优质资源。虾头内残留的虾黄，风味独特，可以加工成虾黄风味料。此外还可以制作仿虾工艺品。

1.2 小龙虾产业前景分析

据文献资料记载，小龙虾的养殖和加工已有百年历史。前苏联于20世纪初就利用湖泊水体实施小龙虾人工放流，并在1960年工厂化育苗实验成功。美国是小龙虾养殖最早的国家，美国路易斯安那州养殖小龙虾世界闻名，所采取的养殖模式主要是“种稻养虾”，即在稻田里插秧，等水稻成熟收割后随即放水淹没，然后投放小龙虾苗种，被淹的水稻秸秆直接或间接地作为小龙虾饵料来源，促进了农业生态的良性循环。

小龙虾已成为我国淡水养殖的生力军。早在20世纪70年代，长江流域就有少数养殖户开始养小龙虾，但是，由于当时养殖技术和消费市场的原因，一直没有形成规模化生产。2001年，湖北省潜江市积玉口农民率先探索出了稻田养虾模式，经过多名水产专家历时4年的探索，于2004年成功地总结出了“虾稻连作”技术，创造了虾稻综合种养的“虾稻连作”——潜江模式，开创了我国稻田养虾的先河。“虾稻连作”模式既解决了冬季低洼田撂荒的问题，又解决了水产品加工出口企业虾源不足的问题，同时也为农民开拓了一条发家致富的好途径，是一个一举多赢的好模式。经过近十年的推广，现已在长江流域普遍开展，仅湖北省2011年就已发展“虾稻连作”面积300多万亩（1亩=666.67平方米）。在此基础上，相继开展了虾稻共作、池塘养虾、湖泊养虾和河沟养虾等多种养殖模式的探索，都获得了成功。

小龙虾的适应能力强，繁殖速度快，迁移迅速，喜掘洞，对农作物、堤埂及农田水利设施有一定的破坏作用。在我国曾长期被视作敌害生物，至今仍有许多人忧虑。但小龙虾的掘洞能力、攀援能力和在陆地上的移动速度都远比中华绒螯蟹弱。从总体上来看，小龙虾作为一种水产资源对人类是利多弊少，具有较高的开发价值。作为养殖品种，小龙虾有诸多优势：小龙虾对环境的适应性较强，病害少，能在湖泊、池塘、河沟、稻田等多种水体中生长，养殖条件要求不高，养殖技术易于普及；小龙虾能直接将植物转换成动物蛋白，且生长速度较快，一般经过3～4个月的养殖，即可达到上市规格；小龙虾通常以摄食水体中的有机碎屑、水生植物和动物尸体为主，无需投喂特殊的饲料，生长快，产量高，效益好。

小龙虾为欧美市场最受欢迎的水产品之一，西欧市场每年的消费量约为6万～8万吨，其自给率仅为20%；美国一年的消费量约为4万～6万吨；瑞典是小龙虾的狂热消费国，每年举行为期三周的龙虾节，全国上下吃龙虾，每年进口小龙虾达5万～10万吨。小龙虾已成为我国淡水产加工出口创汇的主打产品，1988年湖北省首次对外出口，至2014年我国小龙虾的出口量已达到1.5万吨，创汇5.6亿多美元。

随着人们生活水平的提高，对水产品的消费需求有了更高的要求，小龙虾作为一种新的时尚食品，具有营养价值高，味道鲜美等特点，在市场上十分畅销，是目前市场上水产品销量最多的品种之一，已成为广大城乡居民喜爱的菜肴。以小龙虾为特色菜肴的餐馆、大排档遍布全国城镇的大街小巷，尤其在武汉、南京、上海、北京、常州、无锡、苏州、合肥等大中城市，夏季每天消费小龙虾均在25000～40000千克，年均消费量多在万吨以上，其中以麻辣为特色的吃法更是风靡全国，潜江的“油焖大虾”、襄阳的“宜城大虾”、江苏的“盱眙十三香龙虾”等已被列入“中国名菜”和地方名菜。

经过近十年的探索、创新和发展，小龙虾产业发展十分迅猛。长江流域的小龙虾产业已形成集科研示范、良种选育、苗种繁殖、健康养殖、加工出口、餐饮服务、冷链物流、精深加工等于一体的产业化格局，产业链条十分完整，成为水稻产区农业经济的支柱产业、地方经济的特色产业。

由于小龙虾深受国内外市场的欢迎，市场供不应求，价格不断攀升，超过了传统鱼类的市场价格。因而小龙虾产业具有较高的经济效益和广阔的发展前景，是农民发家致富的好产业。

1.3 我国稻田综合种养前景分析

一个产业的未来主要取决于市场的需求和生产技术的提升。从市场需求角度看，首先，随着人们对绿色、有机、无公害食品需求的不断增长，消费绿色食品已成为一种时尚。传统的稻田养殖在新时期，被赋予了新的消费内涵。只要在生产经营过程中，分析透消费者心理，采取适当市场营销手段，绿色食品销路是不成问题的。其次，随着人们收入水平的提高，人们对水产品的消费，也出现了多样化的变化趋势，稻田养殖的多种水产品，较好地满足了人们对水产品多样化的需求，也促进了养殖技术的提高。

稻田综合种养推动了农村经济的发展，实现了良好的经济、社会和生态效益的统一，符合农村经济结构优化的趋势，提高了资源利用率，把养殖技术与种植技术优化组合，对稳定我国粮食种植面积，调整人们的食物结构，提高农民收入起到了积极地促进作用。业内人士做过调查，稻田养殖效益是种粮效益的 5.27 倍，特别是稻田综合种养效果更是显著。综合种养是在同一生态环境条件下进行的生产，不需要增加更多的投入就可获得多样化的、单位成本更加经济的产出。稻田综合种养既能有效提高农田的经济效益，缓解了我国人多地少的矛盾，实现农民增收的目标，又不破坏农田的基本结构，不影响农田的基本生产能力，有着广阔的发展前景。实践证明，发展稻田综合种养是一件一举多得、利国利民的好事，是建设高效农业新模式、促进种植业与养殖业持续发展的新的增长点。我国约有水稻田 2446 万公顷（1 公顷＝10000 平方米），其中在目前条件下可养殖面积约 1000 万公顷，但目前全国已养殖稻田面积仅占 20％左右，其开发潜力巨大。

2 小龙虾的生物学特性

2.1 形态特征

(1) 外部形态

小龙虾体长是指从小龙虾眼柄基部到尾节末端的伸直长度（厘米），全长是指从额角顶端到尾肢末端的伸直长度（厘米）。人们习惯认为，小龙虾苗种规格一般指的是全长，而商品虾规格指的是体长。

小龙虾由头胸部和腹部共 21 个体节组成，共有 19 对附肢，体表具有坚硬的甲壳，如图 2-1 所示。其头部 5 节，胸部 8 节，头部和胸部愈合成一个整体，称为头胸部。头胸部呈圆筒形，前端有一额剑，呈三角形。额剑表面光滑扁平，中部凹陷呈槽状，前端尖锐具有攻击性。头胸甲中部有一弧形预沟，两侧有粗糙颗粒。腹部共有 7 节，其后端有一扁平的尾节，与第六腹节的附肢共同组成尾扇。胸足 5 对，第一对呈螯状，粗大。第二、第三对钳状，后两对爪状。腹足 6 对，雌性第一对腹足退化，雄性前两对腹足演变成钙质交接器。各对附肢具有各自的功能。小龙虾性成熟个体呈暗红色或深红色，未成熟个体呈淡褐色、黄褐色、红褐色不等，有时还见蓝色。常见个体为全长 4.0～12.0 厘米。据资料显示，目前世界上采集到的最大个体为全长 16.0 厘米，产于非洲的肯尼亚，我国采集到的最大个体雄性全长 14.2 厘米，重 101.70 克；雌性全长 15.3 厘米，重 119.19 克。

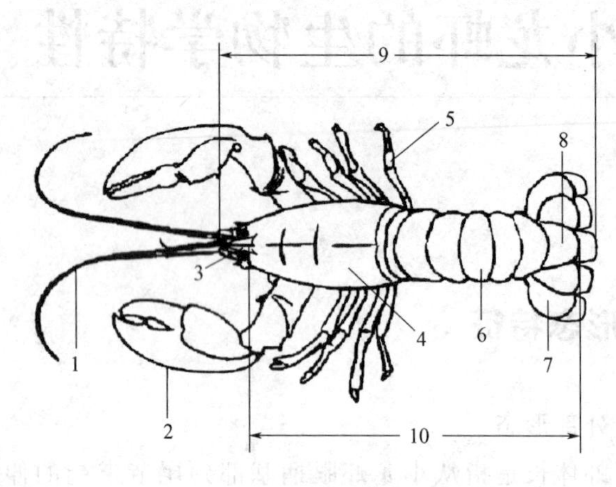

图 2-1 小龙虾

1—大触角；2—大螯；3—额剑；4—头胸甲；5—胸足；6—腹部；7—尾肢；8—尾节；9—全长；10—体长

(2) 内部结构

小龙虾属节肢动物门，体内无脊椎，整个体内分为消化系统、呼吸系统、循环系统、排泄系统、神经系统、生殖系统、肌肉运动系统、内分泌系统等八大部分，如图 2-2 所示。

① 消化系统。小龙虾的消化系统包括口、食道、胃、肠、肝胰脏、直肠、肛门。口开于两大颚之间，后接食道。食道为一短管，后接胃。胃分为贲门胃和幽门胃，贲门胃的胃壁上有钙质齿组成的胃磨，幽门胃的内壁上有许多刚毛。胃囊内，胃外两侧

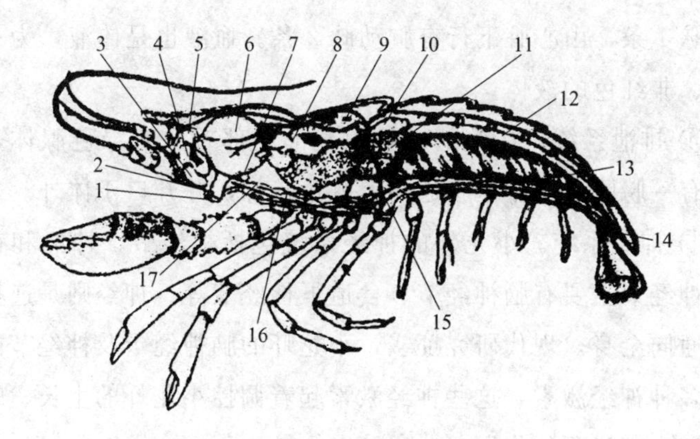

图 2-2 淡水小龙虾的内部结构

1—口；2—食管；3—排泄管；4—膀胱；5—绿腺；6—胃；7—神经；8—幽门胃；9—心脏；10—肝胰脏；11—性腺；12—肠；13—肌肉；14—肛门；15—输精管；16—副神经；17—神经节

各有一个白色或淡黄色、半圆形的、纽扣状的钙质磨石，蜕壳前期和蜕壳期较大，蜕壳间期较小，起着钙质的调节作用。胃后是肠，肠的前段两侧各有一个黄色的分支状的肝胰脏，肝胰脏有肝管与肠相通。肠的后段细长，位于腹部的背面，其末端为球形的直肠，通肛门，肛门开口于尾节的腹面。

② 呼吸系统。小龙虾的呼吸系统包括鳃和颚足。它有鳃 17 对，在鳃腔内。其中 7 对鳃较粗大，与后两对颚足和五对胸足的基部相连。鳃为三棱形，每棱密布排列许多细小的鳃丝。其他 10 对鳃细小，呈薄片状，与鳃壁相连。小龙虾呼吸时，颚足激起水流进入鳃腔，水流经过鳃完成气体交换。

③ 循环系统。小龙虾的循环系统包括心脏、血液和血管，是一种开管式循环。心脏在头胸部背面的围心窦中，为半透明、多角形的肌肉囊，有三对心孔，心孔内有防止血液倒流的膜瓣。血管细小、透明。由心脏前行有动脉血管 5 条，由心脏后行有腹

上动脉 1 条，由心脏下行有胸动脉 2 条。血液也是体液，为一种透明、非红色的液体。

④ 排泄系统。在头部大触角基部内部有一对绿色腺体，腺体后有一膀胱，由排泄管通向大触角基部，并开口于体外。

⑤ 神经系统。小龙虾的神经系统包括神经节、神经和神经索。神经节主要有脑神经节、食道下神经节等，神经则是连接神经节通向全身。现代研究证实，小龙虾的脑神经干及神经节能够分泌多种神经激素，这些神经激素起着调控小龙虾的生长、蜕壳及生殖生理过程的作用。

⑥ 生殖系统。小龙虾雌雄异体，其雄性生殖系统包括精巢 3 个、1 对输精管、1 对生殖突位于第 5 步足基部。精巢呈三叶状排列，输精管分粗细 2 根，通向位于第 5 胸足基部的 1 对生殖孔。

其雌性生殖系统包括卵巢 3 个，也是呈三叶状排列，1 对输卵管通向第 3 步足基部的生殖孔雄性小龙虾的交接器及雌性小龙虾的储精囊虽不属于生殖系统，但在小龙虾的生殖过程中起着非常重要的作用。

⑦ 肌肉运动系统。小龙虾的肌肉运动系统由肌肉和甲壳组成。甲壳又被称为外骨骼，起着支撑和保护的作用，在肌肉的牵动下具有运动的功能。

⑧ 内分泌系统。小龙虾有内分泌系统，往往与其他结构组合在一起。如与脑神经节结合在一起的细胞能合成和分泌神经激素，小龙虾的眼柄，可以分泌抑制小龙虾蜕壳和性腺发育的激素；小龙虾的大颚组织，能合成一种化学物质——甲基法尼醋（MF），该物质也起着调控小龙虾精、卵细胞蛋白的合成和性腺的发育的作用。

2.2 生活习性

小龙虾栖息在湖泊、河流、水库、沼泽、池塘及沟渠中，有时也见于稻田。但在食物较为丰富的静水沟渠、池塘和浅水草型湖泊中较多，栖息地多为土质，特别是腐殖质较多的泥质，有较多的水草、树根或石块等隐蔽物。栖息地水体水位较为稳定的，虾分布较多。

(1) 广栖性

小龙虾的生命力很强，在自然条件下，不论在江河、湖泊、水库、沟渠、塘堰、稻田、池塘等水源充足的环境中，还是在沼泽、湿地等少水的陆地，只要不受严重污染，小龙虾就能生存和繁衍，形成自己的种群。小龙虾对水环境要求不严，在 pH 值为 5.8～8.2，温度为 0～37℃，溶氧量不低于 1.5 毫克/升的水体中都能生存，在我国大部分地区都能自然越冬。最适宜小龙虾生长的水体 pH 值为 7.5～8.2，溶氧量为 3 毫克/升，水温为 20～30℃。

(2) 穴居性

小龙虾喜欢打洞穴居，方向是笔直向下或稍倾斜。夏季洞穴深度一般为 30 厘米左右，冬季达 80～100 厘米，小龙虾白天入洞潜伏或守在洞口，夜间出洞活动，春季喜欢在浅水中活动，夏季喜欢在较深一点的水域活动，秋季喜欢在有水的堤边、坡边、埂边和曾经有水、秋天干涸的湿润地带营造洞穴，冬季喜欢藏身于洞穴深处越冬。

小龙虾掘洞时间多在夜间，可持续掘洞 6～8 小时，成虾一夜挖掘深度可达 40 厘米，幼虾可达 25 厘米。成虾的洞穴深度大部分在 50～80 厘米，少部分可以达到 80～150 厘米；幼虾洞穴的深度在10～25厘米；体长1.2厘米的稚虾已经具备掘洞的能力，洞穴深度在10～20厘米。洞穴分为简单洞穴和复杂洞穴两种。85%的洞穴是简单的，即只有一条隧道，位于水面上、下10厘米；15%较复杂，即有2条以上的隧道，位于水面以上20厘米处。繁殖季节每个洞穴中一般有1～2只虾，但冬季也常发现一个洞中有3～5只虾。小龙虾在繁殖季节掘洞强度增大，在寒冷的冬季和初春，掘洞强度微弱。

(3) 迁徙性

从生活习性来看，小龙虾是介于水栖动物和两栖动物之间的一种动物，能适应恶劣的环境。它利用空气中氧气的本领很高，离开水体之后只要保持湿润，可以安然存活2～3天。当遇陡降暴雨时，小龙虾喜欢集群到流水处活动，并趁雨夜之机上岸寻找食物和转移到新的栖息地；当遇到水中溶氧降至1毫克/升时，它会离开水面爬上岸或侧卧在水面上进行特殊呼吸。

(4) 喜温性

小龙虾属变温动物，喜温暖、怕炎热、畏寒冷，适宜水温为18～33℃，最适水温为22～30℃，当水温上升到33℃以上时，小龙虾进入半摄食或打洞越夏状态，当水温下降到15℃以下时，小龙虾进入不摄食的打洞状态；当水温下降到12℃以下时，小龙虾进入不摄食的越冬状态。

(5) 格斗性

小龙虾严重饥饿时，会以强凌弱，相互格斗，弱肉强食，但在食物比较充足时，能和睦相处。另外，如果放养密度过大、隐蔽物不足、雌雄比例失调、饵料营养不全时，也会出现相互撕咬残杀，最终以各自螯足有无决胜负。在稻田环形沟中种植水草，除了为小龙虾提供食物外，还可以增加小龙虾的活动空间，减少它们之间接触的机会，这相当于减少了小龙虾的密度，为提高其成活率创造了条件。

(6) 避光性

小龙虾喜温怕光，有明显的昼夜垂直移动现象，光线强烈时即沉入水体或躲藏到洞穴中，光线微弱或黑暗时开始活动，通常抱住水体中的水草或悬浮物将身体侧卧于水面。在小龙虾养殖稻田中，人工设置石棉瓦、树枝等遮蔽物，就是为了应对小龙虾的避光性。

2.3 食性

(1) 杂食性

小龙虾食性最广，只要它能咬动的东西就可以吃。植物类如豆类、谷类、各种瓜类、蔬菜类、各种水生植物、陆生草类都是它的食物；动物类如水生浮动物、底栖动物、鱼、虾、动物内脏、蚕蛹、蚯蚓、蝇蛆等都是它喜爱的食物，它也喜爱人工配合饲料。在水温 20～28℃时，小龙虾摄食率会发生较大变化。

研究表明，小龙虾在自然条件下，主要摄食竹叶眼子菜、轮叶黑藻等大型水生植物，其次是有机碎屑，同时还有少量的丝状藻类、浮游藻类、浮游动物、水栖寡毛类、摇蚊幼虫和其他水生动物的残体等。

食物种类随体长变化有差异，虽然各种体长的虾全年都以大型水生植物为主要食物，但中小体型小龙虾摄食浮游动物、昆虫和幼虫的量要高于较大规格的小龙虾，这就是要在养殖水体中种植水生植物的一个重要原因。不同体长的小龙虾所摄取的食物种类有较大的区别，通过镜检观察，食物出现的次数是不同的。小龙虾的重要经济价值在于它能直接将水体中的植物和有机碎屑转换成动物蛋白，具有较高的能量转换效率。

（2）摄食行为

小龙虾的摄食方式是用螯足捕获大型食物，撕碎后再递给第二、第三步足抱食，小型食物则直接用第二、第三步足抱住啃咬。小龙虾摄食能力较强，有贪食和争食习性，饵料匮乏或群体过大时，也会发生撕咬、相互残杀现象，硬壳虾蚕食蜕壳虾或软壳虾尤其明显。小龙虾一般在傍晚或黎明觅食，经人工驯化，可改在白天觅食。其耐饥饿能力也较强，10 天不进食仍能正常生活。摄食的最适温度是 20～30℃，水温低于 15℃或高于 33℃，摄食明显减少，甚至停食。

在我国水产界，长期以来错误地认为小龙虾能捕食鱼苗、鱼种，对水产养殖有很大的危害。实验表明：鲤鱼、草鱼、白鲢和尼罗罗非鱼四种鱼种与小龙虾混养的成活率均为 100%。四种鱼苗与小龙虾混养，平均成活率为 90.0%、77.2%、80.4%、87.2%，而未与小龙虾混养的平均成活率分别为 89.2%、76.3%、80.6%、87.9%，没有显著差异。由此可以推断，小龙虾在正常情况下，没有能力捕食鱼苗、鱼种。虽然该虾不能捕捉游动较快的鱼类，但它能捕食鱼类的病残及死亡个体，也能捕食活动的浮游动物、藻类和漂浮在水面的植物。

小龙虾还可以与鳜鱼、翘嘴红鲌等凶猛性鱼类混养，小龙虾在水中是间歇性活动，游泳能力不及鱼类，进攻能力也差，在没有发现食物之前，它会静伏于池底，难以被发现，并能鉴别和巧妙躲避敌害，而凶猛性鱼类以捕食运动中的猎物为主，所以，小龙虾被蚕食的可能性不大。这样的鱼虾混养在生产中已证实是成功的，但小龙虾养殖水体不能有乌鳢和黄鳝等凶猛性鱼类存在。

2.4 生长与蜕壳

(1) 生长周期

小龙虾幼体阶段一般2～4天蜕壳一次，幼体经3次蜕壳后进入幼虾阶段。在幼虾阶段，每5～8天蜕壳一次，在成虾阶段，一般每8～15天蜕壳一次，小龙虾从幼体阶段到商品虾养成需要蜕壳11～12次。蜕壳是小龙虾生长发育、增重和繁殖的重要标志，每蜕一次壳，它的身体就长大一次，蜕壳一般在洞内或草丛中进行，每完成一个蜕壳过程，其身体柔软无力，这时是小龙虾最易受到攻击的时候，蜕壳后的新体壳于12～24小时后硬化。小龙虾与其他甲壳动物一样，必须蜕掉体表的甲壳才能完成其突变性生长。据观察，在长江流域，9月中旬脱离母体的幼虾平均全长约1.0厘米，平均重0.04克，年底最大全长达7.4厘米，重12.24克。在稻田或池塘中养殖到第二年的5月，平均全长达10.2厘米，平均重达34.51克。

(2) 影响脱壳的因素

小龙虾的蜕壳与水温、营养及个体发育阶段密切相关。水温高，食物充足，发育阶段早，则蜕壳间隔短。性成熟的雌、雄虾一般一年蜕壳1～2次。据测量全长8～11厘米的小龙虾每蜕一次壳，全长可增长1.3厘米。小龙虾的蜕壳多发生在夜晚，人工养殖条件下，有时白天也可见其蜕壳，但较为少见。根据该虾的活动及摄食情况，其蜕壳周期可分为蜕壳间期、蜕壳前期、蜕壳期和蜕壳后期四个阶段，蜕壳间期小龙虾摄食旺盛，甲壳逐渐变硬；蜕壳前期从小龙虾停止摄食起至开始蜕壳止，这一阶段是小龙虾为蜕壳作准备。小龙虾停止摄食，甲壳里的钙向体内的钙石转移，体内的钙石变大，甲壳变薄、变软，并且与内皮质层分离。蜕壳期是从小龙虾侧卧蜕壳开始至甲壳完全蜕掉为止，这个阶段持续时间约几分钟至十几分钟不等，我们观察到的大多在5～10分钟，时间过长则小龙虾易死亡。蜕壳后期是从小龙虾蜕壳后至开始摄食止，这个阶段是小龙虾的甲壳的皮质层向甲壳演变的过程。水分从皮质进入体内，身体增重、增大；体内钙石的钙向皮质层转移，皮质层变硬、变厚，成为甲壳，体内钙石最后变得很少。

国外也有学者将蜕壳后期分为软壳期和薄壳期，将其蜕壳周期分为蜕壳间期、蜕壳前期、蜕壳期、软壳期和薄壳期五个阶段。

(3) 寿命与生命周期

小龙虾雄虾的寿命一般为20个月，雌虾的寿命为24个月。因此，在开展人工繁殖时，应尽可能选择1龄虾作为亲本。否则，将会造成不必要的损失或失败。

小龙虾的生活史比较简单，雌雄亲虾交配后，雌虾将精液保存在储精囊内，待卵细胞发育成熟后，排卵时释放精液，完成受精过程，并结合成为受精卵。受精卵和蚤状幼体都由雌虾独立保护并完成孵化。待到幼体孵出时，雌虾释放幼虾，幼虾开始自由生活，经过数次蜕壳，生长为成虾，一部分作为食用虾上市，另一部分成虾继续发育为亲虾，即完成一个生命周期。

2.5 繁殖习性

(1) 自然环境中的性别比

据自然状态调查结果表明，小龙虾的雌雄比例在不同的体长阶段而显不同，在全长3.0～8.0厘米和8.1～13.5厘米两种规格组中都是雌性多于雄性。小规格组雌性占总体的51.5%，雄性占48.5%，雌雄比例1.06∶1。大规格组雌性占总体的55.9%，雄性占44.1%，雌雄比例为1.17∶1。大规格组雌性明显多于雄性的原因，是在它们交配之后雄性体能消耗过大，体质下降，容易引起死亡，雄性个体越大，死亡率越高，所以雄性平均寿命比雌性要短。

(2) 产卵类型与产卵量

小龙虾隔年性成熟，9月份离开母体的幼虾到第二年的7～8月份即可性成熟产卵。从幼体到性成熟，小龙虾要进行11次以上的蜕壳。其中幼体阶段蜕壳2次，幼虾阶段蜕壳9次以上。

小龙虾为秋季产卵类型，1年产卵1次，交配季节一般在5～9月。小龙虾雌虾的产卵量随个体长度的增长而增大。全长10.0～11.9厘米的雌虾，平均抱卵量为237粒。采集到的最大产卵个体全长14.26厘米，产卵397粒，最小产卵个体全长6.4厘米，产卵32粒。人工繁殖条件下的雌虾产卵量一般比从天然水域中采集的抱卵雌虾产卵量要多。抱卵小龙虾见彩图1。

受精卵的孵化和幼体发育的各个阶段表现出不同的特征。雌虾刚产出的卵为暗褐色，卵被一团蛋清状胶质包裹，肉眼可辨卵粒，但卵径较小，仅约1.6毫米。随着胚胎的发育，其颜色逐渐变浅，呈浅黄色。

(3) 交配方式

自然状态下，每1尾雄虾可先后与2尾以上的雌虾交配，交配时，雄虾用螯足钳住雌虾的螯足，用步足抱住雌虾，将雌虾翻转，侧卧。雄虾的钙质交接器与雌虾的储精囊连接，雄虾的精夹顺着交接器进入雌虾的储精囊。交配后，短则一周，长则月余雌虾即可产卵。雌虾从第3对步足基部的生殖孔排卵并随卵排出较多蛋清状胶质，将卵包裹，卵经过储精囊时，胶质状物质促使储精囊内的精夹释放出精子，使卵受精，最后胶质状物质包裹着受精卵到达雌虾的腹部，受精卵黏附在雌虾的腹足上。腹足不停地摆动以保证受精卵孵化时所必需的溶氧供应，孵化的过程多在地下的洞穴中完成。

小龙虾的交配时间随着密度的多少和水温的高低而长短不一，短的只有几分钟，长的则有一个多小时。在密度比较大时，小龙虾交配的时间较短，一般为30分钟；在密度比较大时，小龙虾交配的时间相对较长，交配时间最长达72分钟。交配的最低水温为18℃。

在自然条件下，5～9月为小龙虾的交配季节，其中以6～8月为高峰期。小龙虾不是一交配就产卵，而是交配后，要等相当长一段时间，大约为7～30天的时间才产卵。在人工放养的水族箱中，成熟的小龙虾只要是在水温合适的情况下都会交配，但产卵的虾较少且产卵时间较晚。在自然状况下，雌雄亲虾交配之前，就开始掘洞筑穴，雌虾产卵和受精卵孵化过程多数在洞穴中完成。

(4) 产卵与孵化

孵化期与温度高度相关，水温为7℃时，孵化时间为150天；水温为15℃时，孵化时间为46天；水温为20～22℃时，孵化时间为20～25天；水温为24～26℃时，孵化时间为14～15天；水温为24～28℃时，孵化时间为12～15天。如果水温太低，受精卵的孵化可能需数月之久。这就是我们在第二年的3～5月份仍可见到抱卵虾的原因。有些人在5月份观察到抱卵虾，就据此认为小龙虾是春季产卵或一年产卵两次，这与实际不符。刚孵化出的幼体长5～6毫米，靠卵黄囊提供营养，几天后蜕壳发育成二期幼体。二期幼体长6～7毫米，附肢发育较好，额角弯曲在两眼之间，其形状与成虾相似。二期幼体附着在母体腹部，能摄食母体呼吸水流带来的微生物和浮游生物，当离开母体后可以站立，但仅能微弱行走，也仅能短距离的游回母体腹部。在一期幼体和二期幼体时期，若惊扰雌虾，造成雌虾与幼体分离较远，幼体不能回到雌虾腹部，幼体将会死亡。二期幼体几天后蜕壳发育成仔虾，全长约 9～10 毫米。此时仔虾仍附着在母体腹部，形状几乎与成虾完全一致，仔虾对母体也有很大的依赖性并随母体离开洞穴进入开放水体成为幼虾。在 24～28℃的水温条件下，小龙虾幼体发育阶段约需 12～15 天。

3 小龙虾繁殖技术

3.1 性腺发育

(1) 雌雄鉴别

小龙虾雌雄异体，雌雄个体外部特征十分明显，容易区别，其基本特征见表 3-1 所示。

表 3-1 雌雄虾特征对照表

特征	雌 虾	雄 虾
体 色	颜色为暗红色或深红色，同龄个体小于雄虾	颜色为暗红色或深红色，同龄个体大于雌虾
同龄亲虾个体	小，同规格个体螯足小于雄虾	大，同规格个体螯足大于雌虾
腹 肢	第一对腹足退化，第二对腹足为分节的羽状附肢，无交接器	第一、第二腹足演变成白色、钙质的管状交接器
倒 刺	第三、第四对胸足基部无倒刺	成熟的雄虾背上有倒刺，倒刺随季节而变化，春夏交配季节倒刺长出，而秋冬季节倒刺消失

续表

特征	雌　虾	雄　虾
生殖孔	开口于第三对胸足基部，为一对暗色的小圆孔，胸部腹面有储精囊	开口于第五对胸足基部，为一对肉色、圆锥状的小突起

（2）性腺发育

同规格的小龙虾雌雄个体发育基本同步。一般雌虾个体重20克以上、雄虾个体重25克以上时，其性腺可发育成熟。雌虾卵巢颜色呈深褐色或棕色，雄虾精巢呈白色。在小龙虾的性腺发育过程中，由成熟度的不同，会带来性腺颜色的变化。通常按性成熟度的等级把卵巢发育分为灰白色、黄色、橙色、棕色和褐色等阶段。其中灰白色是幼虾的卵巢，卵粒细小不均匀，不能分离，需进一步发育才能成熟。黄色也是未成熟卵巢，但卵粒分明较饱满，也不可分离。橙色是即将成熟的卵粒，卵粒分明饱满但不均匀，较难分离，需再发育1～2个月可完全成熟并开始产卵。若遇低水温，产卵时间会推迟。深褐色的卵巢已完全成熟，卵粒饱满均匀，如果用解剖针挑破卵膜，卵粒分离，清晰可见。若在此时雌雄交配，一周左右即可产卵。常用的比较直观的方法是，从亲虾的头胸甲颜色深浅判断其性腺发育好坏，颜色越深表明成熟度越好。

① 性成熟系数的周年变化。小龙虾成熟系数是用来衡量雌虾性成熟程度的指标，通常用小龙虾的卵巢重与其体重（湿重）的百分比来表示，即成熟系数=（卵巢重/体重）×100%。在不同的月份采集多个小龙虾个体，并分别测定其当月的成熟系数，其平均值就是该月的小龙虾群体性成熟系数。通过大量的数据表明，小龙虾群体的成熟系数在7～9月的繁殖季节逐渐增大，到9月中下旬达到最大值，但产完卵后又迅速下降，在非繁殖季节成熟系数则处于低谷。因此，小龙虾的人工繁殖应不误农时。

② 卵巢的分期。依据小龙虾卵巢的颜色和大小、饱满程度和滤泡细胞的形状将其分为7个时期，见表3-2所示。

表3-2 小龙虾卵巢发育分期

卵巢发育时期	卵巢外观特征
Ⅰ期 未发育期	卵巢体积较小,呈细线状,白色透明不见卵粒。卵粒间隔较稀疏,卵巢外层的被膜较厚,肉眼可分辨明显
Ⅱ期 发育早期	卵巢呈细条状,白色半透明的细小卵粒。卵粒之间间隔紧密,卵膜薄,肉眼可辨,细胞呈椭圆形,卵黄颗粒很小,规格较一致
Ⅲ期 卵黄发生前期	卵巢呈细棒状,黄色到深黄色;卵粒之间间隔紧密,卵膜薄,肉眼不容易分辨。是处于初级卵母细胞大生长期的细胞,细胞之间接触较紧密,呈多角圆形。卵黄颗粒较第二期的大
Ⅳ期 卵黄发生期	卵巢呈棒状,颜色为深黄色到褐色,比较饱满,肉眼不辨卵膜。卵母细胞开始向成熟期过渡,细胞多呈椭圆形。在10倍镜下卵黄颗粒较明显,在40倍镜下可以看到大小明显的两种卵粒,大卵粒相对小卵粒少
Ⅴ期 成熟期	卵巢呈棒状,该期卵巢颜色为黑色,卵巢很饱满,占据整个胸腔,肉眼不辨卵膜。细胞呈圆形且饱满,卵黄颗粒充满了整个细胞,卵黄颗粒也最大,卵径1.5mm以上
Ⅵ期 产卵后期	此时为虾刚产完卵,卵巢内或全空,或有少许残留的粉红色至黄褐色卵粒
Ⅶ期 恢复期	产后不久,卵巢全空,白色半透明,无卵粒;产后30天后,有卵巢的轮廓,卵膜较厚、透明,卵膜内有较稀少的小白色卵粒或无

从卵巢的分期可以看出，小龙虾的卵母细胞在各期的发育状态基本一致，通过对产后虾的解剖观察不难看出，虾的卵巢几乎无残留卵粒，这足以说明小龙虾属一次性产卵动物。

③ 卵巢发育的周年变化。解剖发现，在每年3～5月，雌虾

的卵巢发育大多处于第Ⅰ期，但也有极少数处于Ⅱ～Ⅲ期。6月雌虾的卵巢发育大多处于第Ⅱ期，少数属于第Ⅰ期和第Ⅲ期。7月则是雌虾卵巢发育的一个转折点，大部分雌虾的卵巢发育都在第Ⅲ期，仅有少部分属于第Ⅳ期和第Ⅱ期。到了8月，大部分卵巢属于Ⅲ～Ⅳ期，少量为第Ⅱ期和第Ⅴ期。9月绝大部分雌虾的卵巢为第Ⅴ期。到了10月，卵巢发育变化最大，大部分属于第Ⅴ期，部分虾卵已全部产出，还有部分虾产完卵后，卵巢又重新还原到第Ⅰ期。11月至次年的2月，大部分虾的卵巢属于Ⅰ期。

卵巢发育处于Ⅰ期的，其体色大多数为青色，这些青色虾为不到1年的虾。在这些青色虾中，其体长主要集中在5～7厘米，体长最长和最短的虾的体长分别为6.9厘米和5厘米；而卵巢发育较好的虾，其体色绝大多数为黑红色，这些虾中有1年的虾和2年的虾，这些虾的体长主要集中在8.1～9厘米。其中成熟卵巢的黑红色虾中，体长最长和最短的虾体长分别为10.1厘米和6.1厘米；而对于卵巢成熟的青色虾，其最短体长为6.4厘米。

④ 精巢的发育。精巢的大小和颜色与繁殖季节有关。未成熟的精巢呈白色细条型，成熟的精巢呈淡黄色的纺锤形，体积也较前者大数倍到数十倍。通常将小龙虾的精巢发育分为5期，见表3-3。

表3-3 小龙虾精巢发育分期

精巢发育时期	精巢外观特征
Ⅰ期 未发育期	精巢体积小，为细长条形，白色，前端为一小球形，生殖细胞均为精原细胞。在精原细胞外围排列着一圈整齐的间介细胞，能分泌雄性激素。精原细胞数量较少，不规则地分散在结缔组织中间，有较多的营养细胞，但尚未形成精小管
Ⅱ期 发育早期	精巢体积逐渐增大，呈白色，外观形状为前粗后细的细棒状。精小管中同时存在不同发育时期的生殖细胞，但精原细胞和初级精母细胞占绝大部分，还有部分次级精母细胞

续表

精巢发育时期	精巢外观特征
Ⅲ期 精子生长期	精巢体积较大，为淡青色，外观形状为圆棒状。精小管内主要存在次级精母细胞和精子细胞，有的还存在精子
Ⅳ期 精子成熟期	精巢体积最大，颜色由淡青色变成了淡黄色，形状为圆棒形或圆锥形，精小管中充满大量的成熟精子。在光学显微镜下观察，精子为小圆颗粒形
Ⅴ期 产后恢复期	精巢体积明显较Ⅳ期的小，是自然退化或排过精的精巢。精小管内只剩下精原细胞和少量的初级精母细胞，有的精巢内还有少量精子

精巢的发育有明显的季节性变化，在当年12月至第二年2月，精巢的体积较小，呈白色，细条形。输精管也十分细小，管内以精原细胞为主。3～6月，精巢体积逐渐增大，形状为前粗后细的细棒状，输精管内以次级精母细胞为主，管内可形成精子。7～8月，精巢变为成熟精巢所特有的浅黄色，此时有一小部分虾开始抱对。8～9月，精巢的体积最大，精巢颜色变成了淡黄色或灰黄色，呈圆锥状。输精管变得粗大，充满了大量成熟的精子。此时大量虾开始抱对、交配。

从10月之后，水温下降，食物逐渐缺乏，精巢发育基本处于停止期，直到第二年3月，水温开始回升，食物逐渐增多，精巢才又开始下一个发育周期。

⑤ 繁殖力。常说的繁殖力是指小龙虾产卵数量的多少，是绝对繁殖力。也有用相对繁殖力来表示的。相对繁殖力用卵粒数量同体重（湿重）或体长比值来表示。

相对繁殖力＝卵粒数量/体重

或相对繁殖力＝卵粒数量/体长

只有在卵巢发育处于第Ⅲ期和第Ⅳ期卵巢的卵粒才可作为计

算繁殖力的有效数据。

小龙虾的繁殖季节为7～10月，高峰期为8～9月，在此期间绝大部分成虾的卵巢发育都处于Ⅳ～Ⅴ期。通过对100余尾小龙虾繁殖力的测定，结果表明，小龙虾的体长为5.5～10.3厘米，平均体长为7.9厘米；体重为7.17～71.05克，平均体重为39.11克；个体绝对繁殖力的变动范围为172～1158粒，相对繁殖力为2～41粒/克，相对繁殖力为47～80粒/厘米。体长为10.1～10.3厘米虾的平均绝对繁殖力为872粒；体长为9～9.9厘米虾的平均绝对繁殖力为453粒；体长为8.1～8.8厘米虾的平均绝对繁殖力为609粒；而7～7.9厘米虾的平均绝对繁殖力为469粒；6～6.9厘米虾的平均绝对繁殖力为376粒；体长为5.5～5.9厘米虾的平均绝对繁殖力为323粒。因此可得，一般情况下，个体长的虾的绝对繁殖力较个体短的要高。小龙虾的相对繁殖力随体长的增加而增加是显而易见的。

⑥ 胚胎发育。每年9月产出的黏附在小龙虾母体上的受精卵，在自然条件下的孵化时间为17～20天，孵化所需要的有效积温为453～516℃·天。在此期间，最低水温为19℃，最高水温为30℃，平均水温为25.8℃。而在10月底以后产出的受精卵，在自然水温条件下，孵化所需要的时间为90～100天，在此期间最低水温为4℃，最高水温为10℃，平均水温5.2℃。日本学者通过实验得出：水温在7℃时，小龙虾受精卵的孵化约需150天；水温在15℃时，孵化约需46天；水温在22℃时，孵化约需19天。

小龙虾的胚胎发育过程共分为12期：受精期、卵裂期、囊胚期、原肠前期、半圆形内胚层沟期、圆形内胚层沟期、原肠后期、无节幼体前期、无节幼体后期、前蚤状幼体期、蚤状幼体期和后蚤状幼体期。

小龙虾受精卵的颜色随胚胎发育的进程而变化，从刚受精时的棕色，到发育过程中棕色夹杂着黄色和黄色夹杂着黑色，最后阶段完全变成黑色，孵化时转变为一部分黑色，一部分透明。

⑦ 小龙虾的幼体发育。刚孵化出的小龙虾幼体长 5～6 毫米，悬挂在母体腹部附肢上，靠卵黄囊提供营养，尚不具备成体的形态，蜕壳变态后成为幼虾。幼虾在母虾的保护下生长，当其蜕 3 次壳以后，才离开母体独立生活。小龙虾幼体的全长是指从幼虾额剑尖端到其尾扇末端的伸直长度，通常用毫米表示。

小龙虾幼体根据蜕壳的情况，一般分为 4 个时期。

Ⅰ龄幼体。全长约 5 毫米，体重约 4.68 毫克。幼体头胸甲占整个身体的近 1/2，复眼 1 对，无眼柄，不能转动；胸肢透明，和成体一样均为 5 对，腹肢 4 对，较成体少 1 对；尾部具有成体形态。Ⅰ龄幼体经过 4 天发育开始蜕壳，整个蜕壳时间约 10 小时。蜕壳之后进入Ⅱ龄幼体。

Ⅱ龄幼体。全长约 7 毫米，体重约 6 毫克。经过第一次蜕壳和发育后，Ⅱ龄幼体可以爬行。头胸甲由透明转为青绿色，可以看见卵黄囊呈“U”字形，复眼开始长出了部分眼柄，具有摄食能力。Ⅱ龄幼体经过 5 天开始蜕壳，整个蜕壳时间约 1 小时。

Ⅲ龄幼体。全长约 10 毫米，体重约 14.2 毫克。头胸甲的形态已经成型，眼柄继续发育，且内外侧不对等，第一胸足呈螯钳状能自由张合，进行捕食和抵御小型生物。仍可见消化肠道，腹肢可以在水中自由摆动。Ⅲ龄幼体经过 4～5 天开始蜕壳。

Ⅳ龄幼体。全长约 11.5 毫米，体重约 19.5 毫克。眼柄发育已基本成型。第一胸足变得粗大，看不到消化肠道。该龄的幼体已经可以残食比它小的Ⅰ龄、Ⅱ龄幼体，此时的幼体开始进入到幼虾发育阶段。在平均水温 25℃时，小龙虾幼体发育阶段约需 14 天。

3.2 人工增殖放流

(1) 人工增殖放流的特点

小龙虾的人工增殖是在天然水域或养殖水体中投放小龙虾亲本，使其自然交配、产卵、孵化，繁衍后代，达到增加种群的目的。

每年7～9月，在稻田、池塘或浅水草型湖泊中，投放经挑选的小龙虾亲虾，亲虾来源应直接从养殖小龙虾良种场、池塘或天然水域捕捞，亲虾离水的时间应尽可能短，一般要求离水时间不要超过2小时，在室内或潮湿的环境中，时间可适当长一些。雌雄比例通常为3∶1。

(2) 亲虾的选择

亲虾选择标准如下。

① 颜色呈暗红或深红色、有光泽、体表光滑无附着物。

② 个体大，雌雄性个体重都要在35克以上。

③ 亲虾雌、雄性都要求附肢齐全、体格健壮、活动能力强。

这一标准为通用标准，广泛适用于稻田养殖、池塘养殖等所有人工养殖模式，凡符合标准的亲虾，就是标准亲虾。

(3) 亲虾的投放

第一年开展养殖的水体，每亩投放亲虾15～20千克。对已经养殖的水体，每亩补投亲虾5～10千克。对于稻田而言，在投放亲虾前应搞好虾沟清池、移植水草等工作。投放后，秋冬季要培肥水质，保持水位，9～11月保持稻田水位10～30厘米，12月到来年2月保持稻田水位30～50厘米；对于池塘而言，在投放亲虾前应对池塘进行清整、除野、消毒、施肥、种植水生植物，水深保持1米以上。投放亲虾后，要投放水草，并适度施肥，培育大量的浮游生物，保持透明度在30～40厘米。整个冬季应保持水深1米以上，如气温低于4℃以下，最好水深在1.5米以上。对于草型湖泊，由于其自身饲料资源丰富，投放种虾后则不需再投草、施肥。

(4) 适时捕捞雄雌亲虾

10～11月，当幼虾离开母体后，用虾笼捕捞雌虾，当捕到有抱卵的雌虾时应及时放回池中继续饲养，待到附着在雌虾腹部的幼虾全部离开母体独立生活后，才可捕起亲虾单独饲养，同时加强对幼虾的培养管理，当孵化工作结束后即可转入小龙虾苗种培育阶段。

3.3 土池人工繁殖

这是一种投资最少、因地制宜利用废弃土池、操作简单的一种繁殖方法。通过人工控制水温、水质、水位、光照等环境因素，促进小龙虾交配、产卵，来达到小龙虾繁殖的目的。

(1) 修建繁殖池

修建繁殖池，土池长50米，宽8～25米，土池坡度比为1∶2.5。土池四周设置高50～60厘米的防逃网，在土池上立钢筋棚架或竹棚架，用遮阳布覆盖。也可在土池上搭建温棚。水深0.5～1.0米，放小龙虾前对土池清整、消毒、除野。

(2) 投放亲虾

每年7月初，每池投放经挑选的小龙虾亲虾180～200千克，雌雄比例2∶1或5∶2。投放亲虾后，保持良好的水质，定时加注新水，用增氧机向池中间歇增氧，有条件的可采取微流水方式。同时加强投喂，每天投喂一次，多投喂一些动物蛋白含量较高的饵料，如螺蚌肉、鱼肉和屠宰场的下脚料等，并移植较多的水葫芦、水花生等水草，为亲虾提供攀援、嬉戏、交配等的活动场所。

(3) 自然繁殖

通过控制光照、温度、水位、水质等措施，改善水域环境，使亲虾交配、产卵、孵化。10 月中下旬开始用虾笼捕捞亲虾，对幼虾加强投喂，同时分期分批捕捞幼虾出池。如水温低于 20℃，可去掉棚架上的遮阳布，再覆盖一层塑料薄膜，建成简易的温棚，可大大缩短孵化和出苗时间。在繁殖季节，每亩土池可繁殖幼虾 25 万～30 万尾。

3.4 工厂化人工繁殖

小龙虾的人工繁殖是采取人工“控制光照、控制水温、控制水位、改善水质、加强投喂”的五位一体的人工诱导的一种繁殖方法。其中控制水位，改善水质，加强投喂是辅助措施，改善水质，加强投喂是为小龙虾的性腺继续发育创造良好的水环境和营养条件，进一步缩小小龙虾性腺发育存在的个体差异性，增大同步性，同时控制水位还起着一个辅助诱导的作用。控制光照，控制水温是诱导小龙虾产卵的关键因素。甲壳动物生物学的研究表明，甲壳动物的生长、蜕皮、生殖无不受光照、温度的影响或调控，越是低等动物，受光照和温度的影响越大，因而光照和温度是调控甲壳动物生殖生理的最重要的因素。

人工诱导繁育的小龙虾种苗有三大优势：一是品质优良，工厂化繁育的种苗由于在亲本的选择和配组上是采用异地选配的原则，因而具有杂交优势的特性，避免了存塘留种自然繁殖情况下引起的近亲繁殖、种性退化现象的发生；二是规格整齐，工厂化繁育的种苗，由于采用人工诱导，创造优良环境使雌虾集中交配、集中抱卵、集中孵化、集中培育，因而虾苗规格大小一致，避免了虾苗因大小不一而引起的自相残杀，最终导致成虾养殖产量下降的情况发生；三是能提前上市，人工繁育的虾苗，一般在冬季来临之前即进入稚虾培育阶段，到第二年3月底4月初即可达到3～4厘米的规格整齐虾苗，一般比自然繁殖的虾苗提前40天上市。因此，人工繁育的虾苗深受农民的欢迎。

小龙虾人工繁育有多种形式，主要包括：水泥池、工厂化和温室三种。这三种形式在亲虾的选择、培育和产卵的环节都是相同的，所不同的只是抱卵虾的孵化形式不同。

(1) 亲虾的培育

① 培育池的准备。亲虾培育池，一般采用土池，面积视规模而定。小规模生产其面积从20～100平方米均可；大规模生产一般在500平方米以上，高者可达2000平方米以上。池水深1～2米，池埂宽1.5米以上。建好进排水系统，四周池埂用塑料薄膜或钙塑板搭建防逃墙，防逃设施可建在池塘边，防止亲虾上岸打洞，影响起捕。亲虾池必须水源充足、水质清鲜无污染、溶氧高，特别是强化培育期间的水体溶氧量要求在4毫克/升以上。亲虾放养前15天，每亩用生石灰150千克化水全池泼洒消毒，同时施入500～800千克腐熟的畜禽粪培肥水质。然后，经过滤注入过滤新水，在池内移植一些水草，水草面积约占培育池面积的1/3。

② 亲虾选择。挑选小龙虾亲虾的时间一般在5～8月，应直接从省级良种场或天然水域捕捞，亲虾离水的时间应尽可能短，一般要求离水时间不要超过2小时，若在室内或潮湿的环境下，可适当延时。雌雄比例3∶1为好。

③ 亲虾投喂和管理。亲虾放养后，要保持良好的养虾水质，定期加注新水，定期更换部分池水，有条件的可以采用微流水的

方式，保持水质清新。

亲虾由于性腺发育的营养需求，对动物性饲料的需求量较大，喂养的好坏直接影响到其怀卵量及产卵量、产苗量。因此在亲虾的喂养过程中，必须增加动物性饲料的投入，一般每天投喂一次，投喂量占存塘亲虾总重量的4%～5%，根据天气、摄食情况及时调整，饲料品种以投喂水草、玉米、麸皮、小麦等植物性饲料为主，适当搭配一些新鲜的螺蚬蚌肉、小杂鱼、屠宰场的下脚料，喂养方法是动物性饲料切碎，植物性饲料浸泡后沿池塘四周撒喂。日投喂量可视摄食情况、天气状况、气温的高低灵活掌握，并及时调整。

④ 做好日常管理工作。每天坚持巡塘数次，检查摄食、水质、交配、产卵、防逃设施等，及时捞除剩余的饵料，修补破损的防逃设施，确定加水或换水时间、数量，确定EM菌的施用时机，及时补充水草、蚌肉或螺蛳，对交配与产卵情况做详细了解，做好各项记录。

⑤ 适时捕获成熟亲虾。由于亲虾的放养时间不同，在秋季管理上也存在一定的差别，成熟度显然不一致。若是在5月底6月初放养的亲虾，可在7～8月开始用虾笼捕捞亲虾，并检查雌虾的抱卵情况。一旦发现有抱卵的雌虾，说明亲虾已成熟，可以用地笼开始集中捕捞，并做好亲虾的暂养与运输工作。

(2) 亲虾产卵

① 产卵池建设。亲虾产卵池一般为水泥池，水泥池建设场地宜选择在地势平坦、排水方便的陆地上，集中连片建设。每个水泥池面积为10～20平方米，池深1米为宜，池底按1%的坡比建设，按照低排高灌的原则，出水口设在最低的一端底部，进水口设在高端的上部，在池壁的中间40厘米处设一溢水口。排水口和溢水口用20目的纱网布密封，进水口用60目的纱网布袋

过滤。在连片的水泥池四周架设钢架，钢架高度2～3米，根据水泥池的规模而定。钢架的顶端及四周敷设遮阳布。水泥池建成后，用清水浸泡一周，在使用前用20毫克/升的高锰酸钾溶液浸泡2小时后，再行使用。在亲虾投放前一周，模拟黑暗洞穴，在水泥池四周用石棉瓦、竹筒、塑料筒等设置亲虾人工巢穴。塑料筒最简易的方法是，使用废弃的纯净水瓶，用剪刀剪去瓶口锥形部分，把瓶体部分再用黑色或蓝色的丝袜包裹，两个一组捆绑在一起，就是一对很好的巢穴，供亲虾交配、产卵。在水泥池中投放1/3面积的带根水花生，同时在池中投放1/3面积的水葫芦。水花生、水葫芦入池前应用清水洗净并用10毫克/升的漂白粉溶液浸泡10分钟后投入池中。

② 亲虾投放。按照亲虾标准认真选择亲虾，外购亲虾应经检疫合格。每年8月，在水泥池中投放亲虾，投放密度20～30只/平方米；雌、雄比例2∶1。

③ 饲养管理。每天投喂一次，尽量多投喂一些动物蛋白含量较高的饵料，如水蚯蚓、蚯蚓、螺蚌肉、鱼肉和屠宰场的下脚料等，并定期投放一些水葫芦、水花生、眼子菜、轮叶黑藻、菹草等，供小龙虾摄食。保持水泥池的水质良好，定期加注新水，晚上开增氧机增氧，有条件的最好采取微流水的方式，一边从上部加进新鲜水，一边从底部排除老水。采用“控制光照、控制水温、控制水位、改善水质、加强投喂”五位一体的方法，人工诱导小龙虾亲虾进洞、交配、产卵。

(3) 抱卵虾的人工孵化

① 水泥池孵化。每个水泥孵化池面积为10平方米左右，按1%的坡比建设，出水口设在最低的一端底部，进水口设在高端的上部，在池壁的中间30厘米处设一溢水口。排水口和溢水口用8孔/厘米（相当于20目）纱网布密封，进水口用24孔/厘米

（相当于 60 目）纱网布过滤。在连片的水泥池四周架设钢架，钢架高度 2～3 米。钢架的顶端及四周敷设遮阳布。进抱卵虾前一周移植水葫芦，面积占水泥孵化池面积的 1/3，水葫芦入池前应用清水洗净并用 10 毫克/升的漂白粉溶液浸泡 10 分钟后投入池中。

雌虾产卵 24 小时后，将抱卵虾用水桶、面盆等容器带水装运，小心移入孵化池孵化，每平方米投放抱卵虾 20 只左右（约 5000 粒卵）。保持水泥池内水质良好，水体溶氧在 5 毫克/升以上，保持微流并增氧。幼体孵出后，向孵化池中投放人工培育的单胞藻和轮虫。仔虾离开母体后，及时捕捞仔虾，转入幼虾池培育。

适宜孵化温度为 22～28℃。水温在 18～20℃时，孵化期为 30～40 天，水温在 25℃时只需 15～20 天。稚虾孵化后在母体保护下完成幼虾阶段的生长发育过程。稚虾一离开母体，就能主动摄食，独立生活。

水泥池的孵化能力强，对于 1000 平方米的水泥池，在一个繁殖季节可放抱卵虾 30000 只，平均每只抱卵 350 粒，可生产幼虾 1000 万尾左右。如果水泥池面积缩小，则孵化能力相应降低，但人工更好控制。这种方法孵化的虾苗，个体整齐，成活率高，生长速度也较快。

② 室内孵化。使用室内水容器进行工厂化繁殖小龙虾苗种，采用流水或充气结合定期换水的方法，为虾苗生长发育提供良好的环境，可以进行高密度工厂化育苗。

建好育苗设施。育苗设施主要有室内孵化池、育苗池、供水系统、供气系统及应急供电设备等。有条件的育苗厂也可建设室内亲虾暂养池及交配卵池等。繁殖池、育苗池的面积一般为 12～20平方米，池水深 1 米左右，建有进、排水系统及供气设施，进、排水管道以塑料制品为好。繁殖池及育苗池的建设规模，应根据本单位生产规模及周边地区虾苗市场需求量而定。

适时投放抱卵虾。工厂化育苗所用的亲虾为产卵池的小龙虾交配产卵后获得的抱卵虾。抱卵虾的选择标准以受精卵子颜色深浅为依据，基本一致的作为同一分批次，以保证人工孵化的幼体发育基本同步，从而使同池虾苗规格基本一致。抱卵虾可直接放入孵化池中，待获得虾苗后再捞起亲虾。最简便的方法是在孵化池中设置孵化网箱，网箱的网目大小以虾苗能自由进出为准，这样孵出的虾苗可直接进入孵化池觅食。放养量为每平方米放养抱卵虾 50 只左右。抱卵虾孵出蚤状幼体，吊挂于亲虾的腹部附肢上，蜕壳后成Ⅰ龄幼虾。幼虾在 1 厘米以内时由亲虾保护，亲虾通常保护幼虾一周的时间，因此，要及时捕出产空的亲虾。幼虾分散于池的底层，营底栖生活，可利用这一特性进行虾苗培育。也可让抱卵虾在繁育池中集中孵化，然后将幼虾用网捕捞出，分散到育苗池中进行培育。将幼虾按每立方米水 2 万～3 万尾移到育苗池中培养。幼虾可用灯光、流水诱捕或排水网箱收集，在收集移苗过程中动作要轻、快，以防幼虾受伤影响发育及成活率。

③ 温室人工孵化。对于10月以后抱卵较晚的虾，由于气温很低，在自然条件下，往往当年不能孵出，如不采取措施，则要等到第二年 4～5 月才能孵出。因此，可采取温室孵化，确保当年出苗。温室的建设，要从保温、避光、通风三个方面设计建设，同时要搞好进、排水和增氧措施。

4 小龙虾苗种培育技术

通过人工繁殖而获得刚离开母体的幼虾，体长大约在9～12毫米，因其个体小、体质弱，对外界环境的适应能力及抵御、躲避敌害的能力都比较弱，成活率仅为20%～30%。将幼虾培育到2.5～3.0厘米，再放入成虾养殖池中养殖，成活率可提高到80%以上。小龙虾苗种池可因地制宜作出选择，面积不宜过大，以便于管理。可用水泥池、土池、稻沟等。

4.1 水泥池培育苗种

(1) 水泥池条件

① 面积和水深。水泥池的面积为8～24平方米。池深1～1.2米，幼虾培育池水深为0.3～0.5米。随幼虾的生长逐渐加深到0.6～1米。还可采用繁殖或孵化后的水泥池直接进行培育，培育时，应将雌雄亲虾移走，水草和石棉瓦留池继续使用。

② 脱碱使用。新建的水泥池碱性过重，不可立即进水放苗，需经过脱碱处理后方可使用。简单的除碱方法是，先将池内注满

水，每隔2～3天换一次水，经过5～6次换水后，碱性即可消失。也可用浓度为10%的乙酸将水泥池表面洗刷1～2次，再注满水，浸泡4～5天即可。脱碱后的水泥池要经虾苗试水成功后才能正式使用。试水方法是，将10尾左右的小龙虾苗放入已注水的池中，24小时后未见异常，说明该池可正常使用。

③ 水位控制和防逃设施。培育池要求内壁光滑，进排水设施完备，池底有一定的倾斜度，并在出水口有集虾槽和水位保持装置。水位保持装置可自行设计和安装，一般有内、外两种模式。设计在池内的可用内外两层套管，内套管的高度与所希望保持的水位高度一致，起到保持水位的作用。

外套管高于内套管，底部有缺口，加水时让水质较差的底部水排出去，加进来的新鲜水不会被排走。设计在池外的，可将排水管竖起一定高度即可。水深保持在0.6～0.8米，上部进水，底部排水。放幼虾前水泥池要用漂白粉溶液消毒。

④ 移植水草。小龙虾的生长一刻都不能离开水草。小龙虾幼虾在高密度饲养的情况下，易受到敌害生物及同类的攻击。因此，培育池中要移植和投放一定数量的沉水性及漂浮性水生植物，沉水性植物可用菹草、轮子叶黑藻、眼子菜等，将这些沉水性植物捆成堆用重物沉于水底，每堆1～2千克，每2～5平方米放一堆。漂浮性植物可用水葫芦、水浮莲等。这些水生植物提供幼虾攀爬、栖息和蜕壳时的隐蔽场所，还可作为幼虾的饲料，保证幼虾培育有较高的成活率。池中还可设置一些水平或垂直网片、竹筒、瓦片等物，增加幼虾栖息、蜕壳和隐蔽的场所。

（2）水源要求

幼虾培育用水一般用河水、湖水，水源要充足，水质要清新无污染，符合国家颁布的渔业用水或无公害食品淡水水质标准。

如果直接从河流和湖泊取水，则要抽取河流和湖泊的中上层水，并在取水时用20～40目的密网过滤，防止昆虫、小鱼虾及其卵等敌害生物进入池中。

(3) 投放虾苗

① 投放时间。小龙虾苗下塘时间为每年9～10月，在苗种放养前，应注意先进行试水，检查水体毒性是否消除。

② 放养规格与密度。幼虾放养的密度与培育池条件密切相关。有增氧条件的水泥池，每平方米可放养刚离开母体的幼虾（体长0.8厘米）1000～1500尾。放苗时盛苗容器内的水温与池水水温差距不能超过±2℃，如小龙虾苗种用尼龙袋充氧运输，应采用双层尼龙袋充氧、带水运输。根据距离远近，每袋装幼虾0.5万～1.0万尾。在放苗下池前应作“缓苗”处理，将充氧尼龙袋置于池内20分钟，使充氧尼龙袋内外水温一致时，再把苗种缓缓放出。同一规格的虾苗进入同一虾池，规格相差较大的虾苗要进行分养，以防大吃小现象发生。

(4) 日常管理

水泥培育池的日常管理主要是投喂和水质条件的控制，每天应结合投喂巡视4～5次，并做好管理记录，定时向池中投喂浮游动物或人工饲料。培育池水温适宜范围为22～28℃，要保持水温的相对稳定，遇到高温天气，可使用遮阳布适当降温。

浮游动物可从池塘或天然水域捞取，可投喂的人工饲料有磨碎的豆浆，或者用小鱼虾、螺蚌肉、蚯蚓、蚕蛹、鱼粉等动物性饲料，适当搭配玉米、小麦、粉碎混合成糜状或加工成软颗粒饲料。每天投喂3～4次，日投饵量早期每万尾幼虾为0.2～0.3千克，白天投喂占日投饵量的40%，晚上占日投饵量的60%；以后按培育池虾体重的6%～10%投饵。具体投喂量要根据天气、水质和虾的摄食量灵活掌握。

在培育期间，要根据培育池中污物、残饵及水质状况，定期排污、换水、增氧，保持良好的水质，使水中的溶氧保持在5毫克/升以上。幼虾培育池最好有微流水条件，如果没有微流水条件，则白天换水1/4，晚上换水1/4，晚上开增氧机，整夜或间歇性充气增氧，防止虾苗浮头。

(5) 幼虾收获

幼虾在水泥池培育20～30天，长到3～5厘米，就可起捕投放到成虾养殖水域中。如投放到池塘、稻田、沟渠中进行食用虾的养殖。幼虾收获的方法主要有两种，一是拉网捕捞法，二是放水收虾法。

① 拉网捕捞。用一张柔软的鱼苗拉网，从培育池的浅水端放下铺开，再向深水端曳拉并慢慢收起即可。此方法适合于面积比较大的水泥培育池。对于面积比较小的水泥培育池，可不用鱼苗拉网，直接用一张丝质网片，两人在培育池内用脚踩住网片底端，绷紧使网片一端贴底，另一端露出水面，形成一面网兜墙，两人靠紧池壁，从培育池的浅水端慢慢走向深水端即可。

② 放水收虾。放水收虾的方法不论面积大小的培育池都适用，方法是将培育池的水放至仅淹住集中虾槽，然后用抄网在集虾槽中收虾。或者是用柔软的丝质抄网接住出水口，将培育池的水完全放光，让幼虾随水流入抄网中即可。

4.2 土池培育苗种

(1) 土池条件

① 面积大小。一般选择长方形的土池，面积0.5～2亩为好，不宜过大。土池设计为东西走向，减少池埂对阳光的遮挡作用，延长日光照射时间，促进浮游生物的光合作用。池埂坡度比

为1∶3，长度与宽度比为2∶1～3∶1，水深保持0.8～1.0米，培育池底部要平坦，不要有太多淤泥，在培育池的出水口一端要有2～4平方米面积的集虾坑，深约0.5米，并要修建好进排水系统和防逃设施。

② 消毒培肥。放养虾苗前，培育池要彻底消毒、清除敌害并培肥水质。方法是每亩用100～150千克生石灰化水全池泼洒。培肥池水，每亩施腐熟的人畜粪肥或草粪肥300～500千克。培育幼虾喜食的天然饵料，如轮虫、枝角类、桡足类等浮游生物，小型底栖动物，周丛生物及有机碎屑。土池四周用50～60厘米高的围网封闭，防止敌害生物进入。

③ 移植水草。幼虾在高密度饲养的情况下，易受到敌害生物及同类的攻击，因此，培育池中要移植和投放一定数量的沉水性及漂浮性植物来增加虾苗的活动空间。沉水性植物可移植菹草、金鱼藻、轮叶黑藻、眼子菜。漂浮性植物可用水葫芦和浮莲，用竹子固定在培育池的角落或池边。供幼虾攀爬、栖息和蜕壳时作为隐蔽的场所，还可作为幼虾的饲料，保证幼虾培育有较高的成活率。池中还可设置一些水平和垂直网片，增加幼虾栖息、蜕壳和隐蔽的场所。

④ 水源和防逃。培育池一般用河水、湖水、水库水等作水源，水源充足，水质清新，无污染，要符合国家颁布的渔业用水或无公害食品淡水水质标准。进水口用20～40目筛网过滤进水，防止昆虫、小鱼虾及其卵等敌害生物随进水流进入池中危害虾苗。

(2) 幼虾放养

① 放养密度。9～10月投放幼虾，放养密度200～400尾/平方米，即每亩放养幼虾约15万～20万尾。幼虾放养时，要注意同池中幼虾规格保持一致，体质健壮、无病无伤。

② 放养时间。放养时间要选择在晴天早晨或傍晚；要带水操作，将幼虾投放在浅水水草区，投放时动作要轻快，要避免使幼虾受伤。

③ 注意事项。放幼虾时还要注意培育池的水温与运虾袋中的水温一致，温差不得超过 2℃。相差过大，要经过缓苗过程。

(3) 日常管理

① 定期追肥。小龙虾幼虾放养后，饲养前期要适时向培育池内追施发酵过的有机草粪肥，培肥水质，培育枝角类和桡足类浮游动物，为幼虾提供充足的天然饵料。

② 科学投饵。饲养前期每天投喂 3～4 次，投喂的种类以鱼肉糜、绞碎的螺、蚌肉或从天然水域捞取的枝角类浮游动物和桡足类浮游动物为主，也可投喂屠宰场和食品加工厂的下脚料、人工磨制的豆浆等。投喂量每万尾幼虾 0.15～0.20 千克，沿池边多点片状投喂。饲养中、后期要定时向池中投施腐熟的草粪肥，一般每半个月一次，每次每亩 100～150 千克。每天投喂 2～3 次人工饲料，可投喂的人工饲料有磨碎的豆浆，或者用小鱼虾、螺蚌肉、蚯蚓、蚕蛹等动物性饲料，适当搭配玉米、小麦和鲜嫩植物茎叶，粉碎混合成糜状或加工成软颗粒饲料，日投饲量为每万尾幼虾 0.3～0.5 千克，或按幼虾体重的 4%～8%投饲，白天投喂占日投饵量的 40%，晚上占日投饵量的 60%。具体投喂量要根据天气、水质和虾的摄食量灵活掌握。

③ 调节水质。培育过程中，要保持水质清新，溶氧充足。土池要每 5～7 天加水 1 次，每次加水量为原池水的 1/5～1/3，保持池水“肥、活、嫩、爽”，溶氧量在 5 毫克/升；每 15 天左右泼洒 1 次生石灰水，浓度为每立方米 3～5 克，进行池水水质调节和增加池水中离子钙的含量，提供幼虾在蜕壳生长时所需的钙质。培育池水温适宜范围为 22～28℃，要保持水温的相对稳

定。在适宜的条件下，幼虾培育到3厘米左右，需要经3～6次生长蜕壳。

④ 防逃防敌害。每天巡塘2～3次，注意观察小龙虾的活动、摄食及生长情况。要注意水质的变化和清除田鼠等敌害生物。要保持环境安静，否则会影响小龙虾吃食及生长。检查防逃设施有无破损。

(4) 虾苗采集

① 采集时间。幼虾生长速度快，经过20～30天培育，幼虾体长达3厘米左右，即可将幼虾捕捞起来，转成虾池饲养或出售虾苗。

② 采集工具和方法。捕捞可用拉网捕捞，即用一张柔软的鱼苗拉网，从培育池的浅水端向深水端慢慢拖曳；也可用地笼网捕捞。一般1～2小时就要把虾苗倒出来，以防密度过大，造成窒息死亡。

4.3 稻田培育苗种

利用稻田基本条件，布置好防逃设施，投放刚离开母体的虾苗，依靠稻田本身的天然饵料，经过30天左右的饲养，就可将规格为0.8～1.2厘米的虾苗培育成全长为3～5厘米的虾种，这是一种获得小龙虾苗种最直接、最简便、效益最高、使用最为广泛的方法。

(1) 稻田准备

① 培育区建设。在稻田围沟中用20目的网片围造一个幼虾培育区，每亩培育区培育的幼虾可供20亩稻田养殖。

② 水位控制。稻田围沟水深应为0.3～0.5米，并保持相对稳定的状态，为虾苗提供活动场所。

③ 移植水草。水草包括沉水植物（菹草、眼子菜、轮叶黑藻等）和漂浮植物（水葫芦、水花生等）两部分，沉水植物面积应为培育池面积的50%～60%，漂浮植物面积应为培育池面积的40%～50%且用竹框固定。

④ 培肥水质。幼虾投放前7天，应在培育区施经发酵腐熟的农家肥如鸡粪、牛粪、猪粪等，每亩用量为100～150千克，为幼虾培育适口的天然饵料生物。

(2) 幼虾投放

① 投放时间。每年9～10月投放离开母体的幼虾，投放应在晴天早晨、傍晚或阴天进行，避免阳光直射、高温和长途运输，减少其体力消耗。

② 放养密度。应主要根据稻田饵料生物密度和种类来确定，一般每亩投放规格为0.8～1.2厘米的幼虾15万～20万尾。

③ 运输方法。幼虾采用双层尼龙袋充氧、带水运输。根据距离远近，每袋装幼虾0.5万～1.0万尾。

(3) 幼虾培育阶段的饲养管理

① 投饲。幼虾投放第一天即投喂鱼糜、绞碎的螺蚌肉、屠宰厂的下脚料等动物性饲料（以下简称“动物性饲料”）。饲料应符合《饲料卫生标准》（GB 13078—2001）和《无公害食品　渔用配合饲料安全限量》（NY 5072—2002）的规定。每日投喂3～4次，除早上、下午和傍晚各投喂一次外，有条件的宜在午夜增投一次。日投喂量一般以幼虾总重的5%～8%为宜，具体投喂量应根据天气、水质和虾的摄食情况灵活掌握。日投喂量的分配如下：早上20%，下午20%，傍晚60%；或早上20%，下午20%，傍晚30%，午夜30%。

② 巡池。早晚巡池，观察水质等变化。在幼虾培育期间水体透明度应为30～40厘米。水体透明度用加注新水或施肥的方

法调控。经15～20天的培育，幼虾规格达到2.0厘米后即可撤掉围网，让幼虾自行爬入稻田，转入成虾稻田养殖。

4.4 种质鉴别

(1) 影响苗种质量的因素

① 育苗环境。环境恶化，水质不达标，导致虾苗生长缓慢，体质下降，体内毒素富集。

② 近亲繁殖。造成种质退化。

③ 饲料营养不全。导致虾苗生长缓慢，头大尾小，体质下降。

④ 育苗的密度不适宜。导致小龙虾体质不强、规格不齐。

⑤ 渔药或农药。导致药物残留超标，影响食品安全。

(2) 苗种质量鉴别方法

① 看体色。好的小龙虾苗群体色素相同，体色鲜艳有光泽，差的虾苗往往体色暗淡。

② 看活动能力。将虾苗捕起放在容器内，活蹦乱跳的为好苗，行动迟缓的为差苗。

③ 看群体组成。好虾苗规格整齐，身体健壮，光滑而不带泥，游动活泼；差虾苗规格参差不齐，个体偏瘦，有些身上还沾有污泥。

4.5 提高虾苗成活率措施

(1) 影响苗种成活率的因素

近几年，随着小龙虾养殖业的升温，养殖从业人员越来越多，虽然已经积累了丰富的养殖经验，但是，苗种培育的成活率和单位面积产量仍是制约小龙虾产业的瓶颈。生产中发现，小龙虾苗种的成活率与其下塘时的个体大小、操作技术和运输方式有密切关系。如体长1.5～2厘米的虾苗，如采取氧气袋运输，则成活率很高，可以达到90%以上。如采取干法运输，则死亡率很高，可以达到80%；体长3～5厘米的虾苗，只能采用干法运输，但如果捕捞操作不当、虾苗装得太多、运输时间过长、水体温差过大等都会引起虾苗大量死亡。

(2) 提高苗种成活率的措施

① 改善捕捞操作方法。人工繁育的虾苗，在捕捞时要用质地柔软的网具从高处往低处慢慢拖曳，如果是采取放水纳苗的方法，则要在接苗处设置网箱且控制水的流速，如果采取地笼捕捞，则每1～2小时就要把虾苗倒出来，以防密度过大，造成窒息死亡。

② 选择恰当的容器和适当的运输方式。个体为1.5～2厘米的虾苗，尽量采用氧气袋运输，3～5厘米的虾苗则采用干法运输。运输时可用泡沫箱或塑料筐装运，但要尽量少装；运输时间要尽量短，一般不能超过2小时。

③ 虾苗投放操作技术要规范。在投放虾苗时，要将容器浸入投放池水中再提起，再放入，反复2～3次，以调节温差。投放时要分散投放在水体有草的地方。

5 虾稻连作技术

虾稻连作，是指在稻田里种植一季水稻后，接着饲养一季小龙虾。操作要领是，在当年的 8～9 月，中稻收割前，在稻田里投放小龙虾亲本；或在 9～10 月，中稻收割后投放幼虾（即虾种），第二年的 4 月中旬至 5 月下旬收获成虾后，再整理田块、播种水稻，这是一个循环连续的过程。

我国是农业大国，提高农业生产效率、增加农民人均收入是发展现代农业、建设美丽中国的时代主题。同时，随着我国人口的不断增长、耕地面积的基本稳定、工业化和城镇化的逐步推进、规模化和集约化的生产方式转变，粮食安全、食品安全和生态安全成为全体国民高度关注的焦点。

发展稻田综合种养可以充分利用有限的稻田资源，将水稻、水产两个农业产业有机结合，通过资源循环利用，减少农药用量，达到水稻、水产品同步增产，渔民、农民收入持续增加的目的，从而实现“1＋1＝5”的良好效果，即“水稻＋水产＝粮食安全＋食品安全＋生态安全＋农业增效＋农民增收”。

近年来，一批以特种经济品种为主导，以标准化生产、规模化开发、产业化经营为特征的稻田综合种养新模式不断涌现，在经济、社会、生态等方面取得显著成效，得到了种稻农民的积极响应。稻田养殖小龙虾就是稻田综合种养的典型代表之一。

稻田养殖小龙虾，是利用水稻的浅水环境，加以人工改造，既种稻又养虾，立体综合种养，以提高稻田复种指数和单位面积经济效益的一种生产形式。稻田饲养小龙虾可为稻田除草、除害虫，少施化肥、少喷农药，稻谷的秸秆可以作为小龙虾的饲料，既增加了小龙虾的产量，又有效解决了秸秆焚烧造成的环境污染。还可增加水稻产量8%～10%，同时每亩能增产小龙虾80～200千克。

稻田养虾由低级到高级有三种模式即虾稻连作（一稻一虾，稻虾轮作）、稻虾共作（一稻两虾，虾稻一体，强调人为作用）和虾稻共生（一稻两虾，虾稻一体，强调自然状态）。

2001年湖北省潜江市农民首创小龙虾与中稻轮作（简称虾稻连作）模式。这种模式是利用低湖撂荒稻田，开挖简易围沟放养小龙虾种虾，使其自繁自养的一种综合养殖方式，这种模式的主要特点是种一季中稻养一季小龙虾，亩产小龙虾达100千克左右；2012年，潜江市又创新发展了虾稻共作模式。这种模式变过去“一稻一虾”为“一稻两虾”，延长了小龙虾在稻田的生长期，实现了一田两季、一水两用、一举多赢、高产高效的目的，在很大程度上提高了经济效益、社会效益和生态效益。不仅提高了复种指数，增加了单位产出、拓宽了农民增收渠道，而且在保证了国家粮食安全的基础上又大幅增加了农民收入，亩产小龙虾200千克左右。虾稻共生是稻田养殖的最高境界，即完全通过稻田生物和腐殖质、有机碎屑等养殖小龙虾，完全通过小龙虾和混养水生动物排泄的粪便作为有机肥料生产稻谷，同时为稻田除草、灭虫等维护稻田生态，达到小龙虾和稻谷同生共长的生态种养目的。其生产出的小龙虾和稻谷等产品都可达到绿色或有机食品的标准。这是一种理想的生态模式，要实现这一目标还有一个较长的过程。

5.1 稻田工程建设

(1) 稻田的选择

选择水质良好、水量充足、周围没有污染源、保水能力较强、排灌方便、不受洪水淹没的田块进行稻田养虾，面积少则10亩，多则100亩、1000亩均可，面积宜大不宜小，主要意图是扩大小龙虾生存空间和便于机械化作业。

(2) 田间工程建设

养虾稻田田间工程建设包括田埂加宽、加高、加固，进排水口设置过滤、防逃设施，环形沟、田间沟的开挖，安置遮荫棚等工程。沿稻田田埂内侧四周开挖环形养虾沟，沟宽2.0～3.0米，深0.8米，田块面积较大的，还要在田中间开挖“十”字形、“井”字形或“日”字形田间沟，田间沟宽0.5～1米，深0.5米，环形虾沟和田间沟面积约占稻田面积的3%～6%。利用开挖环形虾沟和田间沟挖出的泥土加固、加高、加宽田埂，平整田面，田埂加固时每加一层泥土都要进行夯实，以防以后雷阵雨、暴风雨时田埂坍塌。田埂顶部应宽2米以上，并加高0.5～1米。排水口要用铁丝网或栅栏围住，防止小龙虾随水流而外逃或敌害生物进入。进水口用20目的网片过滤进水，以防敌害生物随水流进入。进水渠道建在田埂上，排水口建在虾沟的最低处，按照高灌低排格局，保证灌得进，排得出。

5.2 放养前的准备

(1) 清沟消毒

放虾前10～15天，清理环形虾沟和田间沟，除去浮土，修正垮塌的田埂护坡。每亩稻田环形沟用生石灰溶液20～50千克，或选用漂白粉溶液3千克，对环形沟和田间沟进行彻底清沟消毒，杀灭野杂鱼类、敌害生物和致病菌。

(2) 施足基肥

放虾前7～10天，在稻田环形沟中灌水30～40厘米，结合整田过程，每亩施用经过发酵的猪粪、牛粪等有机农家肥300～500千克，均匀施入稻田中。农家肥虽然肥效慢，但有效期长，施用后对小龙虾的生长有利，一方面肥料中的有机质可以直接作为小龙虾的食物；另一方面有机肥可以松动土壤促进水稻和底栖动物的生长，还可以减少后期施用追肥的次数和数量，因此，稻田养小龙虾建议多施农家肥，一次施足，长期见效。

(3) 移栽水生植物

在稻田环形沟里移栽伊乐藻、轮叶黑藻、金鱼藻、马来眼子菜等沉水性水生植物，在沟坡边种植蕹芯菜，在水面上浮植水葫芦、凤眼莲等。特别是伊乐藻，俗名"吃不败"，生命力强，在水里生长，如果枝叶露出水面，就会导致整个草株腐烂，水质也会立即变坏。保持伊乐藻一年四季不败的绝招是，当草株长到一定长度时，就要用锯齿草刀从草株根部刈割一次，打捞上岸，用作饲料，这样伊乐藻就会继续生长，永葆不败。为了保持光照和提升水温，要控制水草的面积，一般水草占环形沟面积的40%～60%，以零星点状分布为好，不可聚集成一片，这样有利于虾沟的水流畅通、小龙虾的分散活动和觅食。

(4) 过滤及防逃

进、排水口要安装竹箔、铁丝网及网片等防逃、过滤设施，严防敌害生物进入或小龙虾随水流逃逸。

5.3　虾种的放养

(1) 放种虾模式

在当年的7～8月，中稻收割之前1个月，将挑选的个体在30克/只以上的亲虾投放在稻田的环形沟里，密度为每亩20～30千克，雌雄比例2∶1。以亲虾繁殖的幼虾作为第二年稻田的全部虾种。亲虾投放后不必投喂，它可自行摄食稻田中的有机碎屑、浮游动物、水生昆虫、周丛生物和水草等。在这种模式中，亲虾的选择很重要。选择亲虾的标准：①颜色暗红或黑红色、有光泽、体表光滑无附着物；②个体大，雌、雄性个体重都要在30克以上，雄性个体大于雌性个体；③附肢齐全、无损伤，体格健壮、活动能力强；④亲虾捕捞及运输离水时间短，长时间脱水成活率高。

(2) 放幼虾模式

当年的10～11月，在中稻收割之后，先用木桩在稻田中营造若干个10～20厘米深的人工洞穴，然后立即灌水10～20厘米，以能浸泡稻草蔸为宜。再往稻田中投施腐熟的农家肥，每亩投施量为200～300千克，均匀地投撒在稻田中，没于水下。待水质培肥后，肉眼可见田沟水体中出现大量的浮游动物，这时才是投放幼虾的最佳时机。往稻田环形沟中投放离开母体、规格为250～500只/千克的幼虾1.0万～1.5万尾。投放幼虾的技巧是，事先在稻田的环形沟底部铺设若干块面积为3～4平方米的小网目网片，网片上移入水草团，将幼虾轻轻倒在草团上，让幼虾自行爬入水草中，并把饲料投放在水草上，使幼虾就近尽早开口摄食。1～2天后，移开水草，轻轻取出铺垫的网片，可以初步预测幼虾的成活率。

在天然饵料生物匮乏时，可适当投喂一些鱼肉糜、绞碎的螺蚌肉、动物屠宰场和食品加工厂的下脚料、水草、莴苣叶、豆渣等，也可人工捞取枝角类、桡足类浮游动物，每亩日可投1千克左右。饲料一般投在稻田沟边的水里或水草上，沿边呈多点块状分布。

以上两种放养模式，要求稻田中尽可能多地留置稻草废弃物，并呈多点浸沤堆积没于水下。整个秋冬季，注重投肥，培肥水质。一般每个月施一次腐熟的农家粪肥。直到天然饵料生物丰富时，即可不投饲料。当水温低于12℃时，小龙虾进入越冬期，也不必投喂。冬季小龙虾进入洞穴中越冬，到第二年的2～3月，水温升高，小龙虾从洞穴中出来进入田中觅食，这时要抓紧时机，加强投草、投饵、投肥，培养丰富的饵料生物。一般每隔15天投一次水草，每亩200～250千克，每个月投一次发酵的猪粪、牛粪，100～150千克。在4月中旬水温升高到20℃以上时，应加大投食量，以促进小龙虾快速生长。每日还应适当投喂一次人工饲料，以加快小龙虾的生长。可用的饲料有饼粕、谷粉，砸碎的螺、蚌及动物屠宰场的下脚料等，投喂量以稻田存虾重量的3%～8%加减，傍晚投喂。还可以投喂专业厂家生产的小龙虾专用饲料。捕捞时间从4月中旬开始，用地笼捕虾，捕大留小，一直持续到6月初，中稻播种季节到来时，排干稻田积水，捕获全部小龙虾。整田插秧，进入下一个种养轮回。

5.4 田间管理

每天早、晚坚持巡田，观察沟内水色变化和虾的活动、吃食、生长情况。田间管理的工作主要集中在水稻晒田、施肥、用药、防逃、防敌害等工作。

(1) 晒田

稻谷晒田宜轻烤，不能完全将田水排干。水位降低到田面露出即可，而且时间不宜过长。晒田时小龙虾进入虾沟内，如发现小龙虾有异常反应时，要立即注水。

(2) 稻田施肥

稻田基肥要施足，应以施腐熟的有机农家肥为主，在插秧前一次施入耕作层内，达到肥力持久长效的目的。追肥一般每月一次，可根据水稻的生长期及生长情况施用生物复合肥 10 千克/亩，或用人、畜类堆制的有机肥，对小龙虾无不良影响。施追肥时最好先排浅田水，让虾集中到环形沟、田间沟中，然后施肥，使追肥迅速沉积于底层田泥中，被田泥和水稻吸收，随即加深田水至正常深度。

(3) 水稻施药

小龙虾对许多农药都很敏感，稻田养虾的原则是能不用药时坚决不用，必须用药时应选用高效低毒的无公害农药和生物制剂。施农药时要注意严格把握农药安全使用浓度，确保虾的安全，并要求喷药于水稻叶面，尽量不喷入水中，而且最好分区用药。分区用药的含义是将稻田分成若干个小区，每天只对其中一个小区用药。一般将稻田分成两个小区，交替轮换用药，在对稻田的一个小区用药时，小龙虾可自行进入另一个小区，避免伤害。水稻施用药物，应避免使用含菊酯类和有机磷类的杀虫剂，以免对小龙虾造成危害。喷雾水剂宜在下午进行，因稻叶下午干燥，大部分药液可吸附在水稻上。同时，施药前田间加水至20厘米，喷药后及时换水。

(4) 防逃、防敌害

每天巡田时检查进出水口筛网是否牢固，防逃设施是否损坏。汛期防止洪水漫田，发生逃虾的事故。巡田时还要检查田埂是否有漏洞，防止漏水和逃虾。

稻田饲养小龙虾，其敌害较多，如蛙、水蛇、黄鳝、肉食性鱼类、水老鼠和一些水鸟等，除放养前彻底用药物清除外，进水口要用20目纱网过滤；平时要注意清除田内敌害生物，有条件的可在田边设置一些彩条或稻草人，恐吓、驱赶水鸟。

5.5 收获与效益

稻田饲养小龙虾，只要一次放足虾种，经过2～3个月的饲养，就有一部分小龙虾能够达到商品规格。长期捕捞、捕大留小是降低成本、增加产量的一项重要措施。将达到商品规格的小龙虾捕捞上市出售，未达到规格的继续留在稻田内养殖，降低稻田中小龙虾的密度，促进小规格的小龙虾快速生长。

在稻田捕捞小龙虾的方法很多，可采用虾笼、地笼网和抄网等工具进行捕捞，最后可采取干田捕捞的方法。在4月中旬至5月下旬，采用虾笼、地笼网起捕，效果较好。下午将虾笼和地笼网置于稻田虾沟内，第二天清晨起笼收虾。最后在整田插秧前排干田水，将虾全部捕获。

5.6 经验分享——虾稻连作成功实例

开创稻田养虾先河的是湖北潜江的一位农民朋友刘先生。

2000 年，积玉口镇宝湾村农民刘先生承包了村里无人问津的“水泡田”76 亩，这块田由于地势低洼，春夏秋冬四季积水。那一年水稻收割后稻田闲置，进入冬季降雨频繁，因此，整个冬季稻田一直保持比较深的水位。第二年 4 月，他在准备整理田块时，意外发现稻田里有很多小龙虾，随即用虾笼捕捞，共捕获小龙虾 2500 千克，竟意外收获 3000 余元。稻田里的小龙虾竟比田边的沟渠中还多。他受到启发，稻田中能捕到大量的小龙虾，说明稻田里很适合小龙虾的生长繁殖，何不在稻田里养殖小龙虾？于是他开始了稻虾轮作的探索。2001 年 9 月，当他田里的稻谷收获后，立即灌水放虾，76 亩稻田共投放亲虾 350 千克，平均每亩 4.6 千克，2002 年 5 月，果然收获到商品小龙虾 5000 千克，亩产虾达到 75 千克，是头一年产量的 2 倍。为了进一步提高单产量，2002 年秋季，他采取了两条措施：一是增加放养量，每亩投 10 千克亲虾，二是早期尽量灌深水，一开始就将稻蔸淹没，而在高温的 4～5 月，为了便于捕捞又将稻田水位降低，结果在 2003 年夏季捕虾时，虾的产量不但没有提高，反而有所下降，且中小虾居多，全年仅起捕虾不足 4000 千克。问题出在哪里？刘先生找到水产技术人员寻找答案，终于弄清了原因：一是初期和早春稻田灌水过深，一方面稻蔸急剧腐败使水质变坏，另一方面早春水位过深，不利于提高水温；二是 4～5 月水位保持得比较浅，水温较高，导致小龙虾提前硬壳早熟，影响了小龙虾的健康生长。2004 年他采用了新的养殖模式，取得了显著的成效，还是这 76 亩稻田，养虾总产量却达到 8750 千克，亩产量达

125 千克。2005 年，产量又有进一步提高，总产量达到 9425 千克，亩产量达到 132.5 千克，虾稻总收入达到 16.4 万元，获纯利 12 万元以上。这是我国稻田养殖史上的奇葩，后来人们取得的多项稻田养殖成果都离不开这个首创的启迪。

6 虾稻共作技术

虾稻共作模式（彩图 2）是在“虾稻连作”基础上发展而来的，“虾稻共作”变过去“一稻一虾”为“一稻两虾”，延长了小龙虾在稻田的生长期，实现了一季双收，在很大程度上提高了养殖产量和效益。此外，“虾稻共作”模式还有很大延伸发展空间，如“虾鳖稻”“虾蟹稻”“虾鳅鱼稻”等养殖模式。不仅提高了稻田的复种指数，增加了单位面积土地的产出，而且拓宽了农民增收渠道，激发了农民种粮积极性。

虾稻共作是一种种养结合的养殖模式，即在稻田中养殖小龙虾并种植一季中稻，在水稻种植期间小龙虾与水稻在稻田中同生共长。具体地说，就是每年的 8～9 月中稻收割前投放亲虾，或 9～10 月中稻收割后投放幼虾，第二年的 4 月中旬至 5 月下旬收获成虾，同时补投幼虾，5 月底、6 月初整田、插秧，8～9 月收获亲虾或商品虾，如此循环轮替的过程。

6.1 稻田环境条件

(1) 稻田要求

养虾稻田应是生态环境良好，远离污染源，黏土壤土土质，保水性能好的稻田。交通便利、水源充足、排灌方便、不受洪水淹没。面积宜大不宜小，一般以50～100亩为宜。

(2) 稻田改造

① 挖沟。沿稻田田埂外缘向稻田内7～8米处，开挖环形沟，堤脚距沟2米开挖，沟宽3～4米，沟深1～1.5米。稻田面积达到100亩的，还要在田中间开挖“十”字形田间沟，沟宽1～2米，沟深0.8米。

② 筑埂。利用开挖环形沟挖出的泥土加固、加高、加宽田埂。田埂加固时每加一层泥土都要进行夯实，以防渗水或暴风雨使田埂坍塌。田埂应高于田面0.6～0.8米，埂宽5～6米，顶部宽2～3米。

③ 防逃设施。稻田排水口和田埂上应设防逃网。排水口的防逃网应为8孔/厘米（相当于20目）的网片，田埂上的防逃网应用水泥瓦作材料，防逃网高40厘米。

④ 进排水设施。进、排水口分别位于稻田两端，进水渠道建在稻田一端的田埂上，进水口用20目的长型网袋过滤进水，防止敌害生物随水流进入。排水口建在稻田另一端环形沟的低处。按照高灌低排的格局，保证水灌得进，排得出。

(3) 移栽植物和投放有益生物

虾沟消毒3～5天后，在沟内移栽水生植物，如轮叶黑藻、马来眼子菜、水花生等，栽植面积控制在环形沟面积的40%左右。在虾种投放前后，沟内再投放一些有益生物，如水蚯蚓（投

0.3～0.5 千克/平方米)、田螺(投 8～10 个/平方米)、河蚌(放 3～4 个/平方米)等，既可净化水质，又能为小龙虾提供丰富的天然饵料。

6.2 养殖模式

(1) 投放亲虾养殖模式

每年的 8 月底至 9 月初，对于初次养殖的稻田，往稻田的环形沟和田间沟中投放亲虾，每亩投放规格为 30 克/只左右的亲虾 20～30 千克。对于前一年已养过小龙虾的稻田，因为田里还留有一些虾种，每亩只需投放 5～10 千克亲虾进行补充。具体应该做到以下几点。

① 亲虾的选择。按亲虾的标准进行选择，参考虾稻连作模式。

② 亲虾来源。亲虾应从养殖场和天然水域挑选。

③ 亲虾运输。挑选好的亲虾用不同颜色的塑料虾筐按雌雄分装，每筐上面放一层水草，保持潮湿，避免太阳直晒和长时间风干脱水，运输时间不宜超过 8 小时，时间越短越好。

④ 种植水草。亲虾投放前，环形沟和田间沟应移植 40%～60%面积的漂浮植物。

⑤ 亲虾投放。亲虾按雌、雄性比（2～3）∶1 投放。投放时将虾筐反复浸入水中 2～3 次，每次 1～2 分钟，使亲虾适应水温，然后投放在环形沟和田间沟中。

(2) 投放幼虾养殖模式

投放幼虾模式有两种，一是 9～10 月投放人工繁殖的虾苗，每亩投放规格为 2～3 厘米的虾苗 1.5 万尾左右。二是在 4～5 月投放人工培育的幼虾，每亩投放规格为 3～4 厘米的幼虾 1 万尾左右。

6.3 饲养管理

(1) 投饲

8月底投放的亲虾除自行摄食稻田中的有机碎屑、浮游动物、水生昆虫、周丛生物和水草等天然饵料外，宜少量投喂动物性饲料，每日投喂量为亲虾总重的1%。12月前每月宜投一次水草，施一次腐熟的农家肥，水草用量为150千克/亩，农家肥用量为每亩100～150千克。每周宜在田埂边的平台浅水处投喂一次动物性饲料，投喂量一般以虾总重量的2%～5%为宜，具体投喂量应根据气候和虾的摄食情况调整。当水温低于12℃时，可不投喂。第二年3月份，当水温上升到16℃以上时，每个月投两次水草，施一次腐熟的农家肥，水草用量为100～150千克/亩，农家肥用量为50～100千克/亩，每周投喂一次动物性饲料，用量为0.5～1.0千克/亩。每日傍晚还应投喂一次人工饲料，投喂量为稻田存虾重量的1%～4%。可用的饲料有饼粕、麸皮、麦糠、豆渣等。

(2) 经常巡查，调控水深

11～12月保持田面水深30～50厘米，随着气温的下降，逐渐加深水位至40～60厘米。第二年3月水温回升时用调节水深的办法来控制水温，促使水温更适合小龙虾的生长。调控的方法是：晴天有太阳时，水可浅些，让太阳晒水以便水温尽快回升；阴雨天或寒冷天气，水应深些，以免水温下降。

(3) 防止敌害

稻田的肉食性鱼类（如黑鱼、鳝、鲶鱼等）、老鼠、水蛇、蛙类及各种鸟类和水禽等均能捕食小龙虾。为防止这些敌害动物进入稻田，要求采取措施加以防备，如对肉食性鱼类，可在进水过程中用密网拦滤，将其拒于稻田之外；对鼠类，应在稻田埂上多设些鼠夹、鼠笼加以捕猎或投放鼠药加以毒杀；对付蛙类的有效办法是在夜间加以捕捉；对付鸟类、水禽等的主要办法是进行驱赶。

6.4 水稻栽培

(1) 水稻品种选择

养虾稻田一般只种一季中稻，水稻品种要选择叶片开张角度小，抗病虫害、抗倒伏且耐肥性强的紧穗型品种。

(2) 稻田整理

稻田整理时，田间还存有大量小龙虾，为保证小龙虾不受影响，建议一是采用稻田免耕抛秧技术，所谓“免耕”，是指水稻移植前稻田不经任何翻耕犁耙。二是采取围埂办法。即在靠近虾沟的田面，围上一圈高 30 厘米，宽 20 厘米的土埂，将环形沟和田面分隔开，以利于田面整理。要求整田时间尽可能短，以免沟中小龙虾因长时间密度过大而造成不必要的损失。

(3) 施足基肥

对于养虾一年以上的稻田，由于稻田中已存有大量稻草和小龙虾，腐烂后的稻草和小龙虾粪便为水稻提供了足量的有机肥源，一般不需施肥。而对于第一年养虾的稻田，可以在插秧前的 10～15 天，亩施用农家肥 200～300 千克，尿素 10～15 千克，均匀撒在田面并用机器翻耕耙匀。

(4) 秧苗移植

秧苗一般在 6 月中旬开始移植，采取浅水栽插、条栽与边行密植相结合的方法，养虾稻田宜推迟 10 天左右。无论是采用抛秧法还是常规栽秧，都要充分发挥宽行稀植和边坡优势技术，移植密度以 30 厘米×15 厘米为宜，以确保小龙虾生活环境通风透气性好。

6.5 稻田管理

(1) 水位控制

稻田水位控制的基本原则是平时水沿堤，晒田水位低，虾沟为保障，确保不伤虾，种、养用水相互兼顾。具体做法是，当年 3 月，为提高稻田内水温，促使小龙虾尽早出洞觅食，稻田水位一般控制在 30 厘米左右；4 月中旬以后，稻田水温已基本稳定在 20℃以上，为使稻田内水温始终稳定在 20～30℃，以利于小龙虾生长，避免提前硬壳老化，稻田水位应逐渐提高至 50～60 厘米；越冬期前的 10～11 月，稻田水位以控制在 30 厘米左右为宜，这样既能够让稻蔸露出水面 10 厘米左右，使部分稻蔸再生，又可避免因稻蔸全部淹没水下，导致稻田水质过肥缺氧，而影响小龙虾的生长；越冬期间，要适当提高水位进行保温，一般控制在 40～50 厘米。

(2) 合理施肥

为促进水稻稳定生长，保持中期不脱力，后期不早衰，群体易控制，在发现水稻脱肥时，建议施用既能促进水稻生长，降低水稻病虫害，又不会对小龙虾产生有害影响的生物复合肥（具体施用量参照生物复合肥使用说明）。其施肥方法是：先排浅田水，让虾集中到环形沟中再施肥，这样有助于肥料迅速沉淀于底泥中并被田泥和禾苗吸收，随即加深田水至正常深度；也可采取少量多次、分片撒肥或根外施肥的方法。严禁使用对小龙虾有害的化肥，如氨水和碳酸氢铵等。

(3) 科学晒田

晒田总体要求是轻晒或短期晒，即晒田时，使田块中间不陷脚，田边表土不裂缝和发白。田晒好后，应及时恢复原水位，尽可能不要晒得太久，以免导致环形沟小龙虾密度因长时间过大而产生不利影响。

6.6 收获与效益

(1) 成虾捕捞

① 捕捞时间。第一季捕捞时间从 4 月中旬开始，到 5 月中下旬结束。第二季捕捞时间从 8 月上旬开始，到 9 月底结束。

② 捕捞工具。捕捞工具主要是地笼。地笼网眼规格应为 2.5～3.0 厘米，保证成虾被捕捞，幼虾能顺利通过网眼。成虾规格宜控制在 30 克/尾以上。

③ 捕捞方法。虾稻共作模式中，成虾捕捞时间至为关键，为延长小龙虾生长时间，提高小龙虾规格，提升小龙虾产品质量，一般要求小龙虾达到最佳规格后才开始起捕。起捕方法：采用网目 2.5～3.0 厘米的大网口地笼进行捕捞。开始捕捞时，不需排水，直接将虾笼布放于稻田及虾沟之内，隔几天转换一个地方，当捕获量渐少时，可将稻田中水排出，使小龙虾落入虾沟中，再集中于虾沟中放笼，直至捕不到商品小龙虾为止。在收虾笼时，应对捕获到的小龙虾进行挑选，将达到商品规格的小龙虾挑出，将幼虾马上放入稻田，并勿使幼虾挤压，避免弄伤虾体。

(2) 幼虾补放

第一茬捕捞完后，根据稻田存留幼虾情况，每亩补放 3～4 厘米幼虾 1000～3000 尾。

① 幼虾来源。从周边虾稻连作稻田或湖泊、沟渠中采集。

② 幼虾运输。挑选好的幼虾装入塑料虾筐，每筐装重不超过5千克，每筐上面放一层水草，保持潮湿，避免太阳直晒，运输时间应不超过1小时，运输时间越短越好。

(3) 亲虾留田

由于小龙虾人工繁殖技术还不完全成熟，目前还存在着买苗难、运输成活率低等问题，为满足稻田养虾的虾种需求，在8～9月成虾捕捞期间，前期是捕大留小，后期应捕小留大，目的是留足下一年可以繁殖的亲虾，亲虾存田量每亩不少于15～20千克。

6.7 经验分享——虾稻共作成功实例

(1) 湖北省潜江市龙湾镇魏先生的成功经验

2011年虾稻共作面积达到35亩，经过7～8个月的精心种养，在实现稻谷不减产（500千克/亩）的情况下，小龙虾产量达到6150千克，亩产达176千克，实现销售收入15万元，亩产均值过4000元，纯收入11万元，亩平均纯收入3250元；2012年虾稻共作面积50亩，小龙虾产量9650千克，亩产量193千克，销售额25万元，每亩新增纯收入4000元。

魏先生的具体做法是：每年秋季中稻收割后，稻田上水投放虾种，冬春季注意控制水位，适量施用农家肥。惊蛰过后开始投喂饲料，植物性饲料有麸皮、糠、麦子、菜叶等，动物性饲料有螺蛳、蚌及价格相对低廉的白鲢、野杂鱼等，搅拌磨碎后投喂。4～5月，水温升高后是小龙虾生长的关键时期，要加强投食管理，保证喂饱喂足。5月底整田插秧后，适时补投虾苗。同时注意调节水质、预防病害，每月使用一次生石灰、漂白粉、纤毛净等。

(2) 湖北省仙桃市高先生的成功经验

2011 年虾稻共作面积 4.5 亩，高先生实施养虾精细化管理，小龙虾喜获丰收。共产小龙虾 900 千克，亩平均 200 千克，实现销售收入 1.6 万元；2012 年由于增产心切，3 月施肥过量，导致部分小龙虾死亡，产量有所下降，但销售小龙虾收入仍有 1.2 万元，亩平均产量 153 千克。

他的经验是：一是把握好亲虾投放时间和数量。第一年养殖的，亩投种虾 20～25 千克，时间不迟于 9 月底；已养殖的稻田，需要留足种虾或补投种虾 5～10 千克/亩；规格在 35 克以上。二是加强投喂管理。由于稻田的天然饵料基础本身有限，加上小龙虾食性偏动物性，所以要达到每亩单产 150 千克以上，就必须加强投饵，并且要荤素搭配，量足质优。三是轮捕轮放。把握市场行情，适时捕捞上市，自然野生资源丰富的地方，可进行轮捕轮放，捕大留小，捕大补小，提高效益。四是越冬水位管理。冬季一定要保证稻田水位，以利种虾和虾苗安全越冬，同时要施用有机肥，培育饵料生物。

7 虾鳖鱼稻综合种养技术

虾鳖鱼稻综合种养技术是在鳖稻共作基础上发展起来的。所不同的是，在这种模式中的鳖是主养对象，而小龙虾、鲢鳙是配养对象。鳖是肉食性，习惯于水底生活。小龙虾是杂食性，白天多隐藏在水中较深处或隐蔽物中，很少出来活动，傍晚太阳下山后开始活跃起来，多聚集在浅水边爬行觅食。主要配养鲢鳙鱼，它们生活在水体的上层，通常用鳃耙滤食水中浮游动物和浮游植物。虾鳖鱼混养就是利用它们在食物上和空间上的互补性，使有限的水体资源发挥最大的生产潜力。养鳖对养小龙虾和鱼类的有益作用表现在以下几点。

① 鳖对水体有增氧作用。鳖用肺呼吸，必须经常浮到水面上伸出头部进行呼吸。它从水底到水面的往返运动，增强了上下水层的垂直循环，使表层的过饱和溶氧扩散到底层，弥补了水中溶氧量的不足。同时，底层的废气也由于鳖在底层爬行或上下运动而被带到水面逸出，减少了有毒气体的危害。

② 净化水质。鳖在水底层活动，能加速池底淤泥中有机物的分解，使水质变肥，既起到降低有机物耗氧和缓解水质变化的

作用，又有利于小龙虾和鱼类的生长。

③ 提高了饲料利用率。在鳖饲养过程中，一些有机废弃物，如残余饲料、粪便沉入池底，会污染水质。在混养条件下，小龙虾和鲢鳙鱼不仅可直接摄食这些残饵和粪便，而且这些有机物还能为水体施肥，使浮游生物和底栖动物大量繁殖，也间接为鳖、小龙虾和鱼提供了鲜活饵料。

④ 减少了虾病鱼病。虾鳖鱼混养后，一些得病的鱼虾和死亡的鱼虾成了鳖的喜好饵料。这样，也就阻止了病原体的扩散和传播，切断了虾病鱼病的根源。所以，养鳖稻田的小龙虾个大膘肥产量高，市场价格好。

7.1 稻田准备

养虾稻田环境条件与虾稻共作基本相同，所需改进的主要有以下几点。

(1) 建立鳖虾防逃设施

防逃设施可使用网片、石棉瓦和硬质钙塑板等材料结合网片建造，其设置方法是，将石棉瓦或硬质钙塑板埋入田埂泥土中20～30厘米，露出地面高50～60厘米，然后每隔80～100厘米处用一木桩固定。稻田四角转弯处的防逃墙要做成弧形，以防止鳖沿夹角攀爬外逃。在防逃墙外侧约50厘米左右处用高1.2～1.5米的密眼网布围住稻田四周，主要作用是防盗，能较好地远距离钩钓，还可以起到第二次防止鳖外逃的作用。

(2) 完善进排水系统

稻田应建有完善的进水、排水系统，以保证稻田旱不干雨不涝。进水、排水系统建设要结合开挖环形沟综合考虑，进水口和排水口必须成对角设置。进水口建在田埂上；排水口建在沟渠最低处，由 PVC 弯管控制水位，要求能排干所有水。与此同时，进水、排水口要用铁丝网或栅栏围住，以防养殖动物逃逸。也可在进出水管上套上防逃筒，防逃筒用钢管焊成，以最小的鳖不能自由穿过为标准在钢管上钻若干个排水孔，使用时套在排水口或进水口管道上即可。

(3) 搭建晒背台、晒饵料台

晒背台是鳖生长过程中的一种特殊生理要求，既可提高鳖体温促进生长，又可利用太阳紫外线杀灭体表病原，提高鳖的抗病力和成活率。晒背台和饵料台可以合二为一，具体做法是：在田间沟中每隔 10 米左右设一个饵料台，台宽 0.5 米，长 2 米，饵料台长边一端在埂上，另一端倾斜入水中 10 厘米左右，饵料投放在饵料台进水端，不可浸入水中。

(4) 田间沟消毒

按照虾鳖稻共生养殖要求开挖环形沟、“十”字形田间沟或“井”字形田间沟，占稻田面积的 8%～12%。单个田块面积小时需挖沟的相对面积就大。在苗种投放前 10～15 天，每亩沟面积用生石灰 100 千克带水进行消毒，以杀灭沟内敌害生物和致病菌，预防虾、鳖、鱼疾病的发生。

(5) 移入水生动植物

田间沟消毒 3～5 天后，在沟内移栽轮叶黑藻、伊乐藻、蕹菜、水花生等，种植面积占环形沟面积的 25%左右，既可为小龙虾提供食物，还可为虾、鳖、鱼提供嬉戏、遮阴和躲避的场所。

在虾种投放前后，田间沟内需投放一些有益生物，如螺、蚬和水蚯蚓等。投放时间一般在 4 月。每亩田间沟可投放湖螺、蚬 150～200 千克，既可净化水质，又能为小龙虾和鳖提供丰富的天然饵料。

7.2 水稻栽培及管理

(1) 水稻品种选择

小龙虾稻田，选择种一季稻或两季稻均可。水稻应选茎秆坚硬、抗倒伏、抗病虫害、耐肥性强、米质优、可深灌、株型适中的高产优质紧穗型品种，尽可能减少在水稻生长期对稻田施肥和喷洒农药的次数，确保虾鳖在适宜的环境中健康生长。

(2) 稻田整理

在对稻田进行犁耙翻动土壤、清除杂草、固埂护坡时，田间还存有大量的虾和鳖，使用农具容易对它们造成伤害。为保证它们不受影响，建议一是采用稻田免耕抛秧技术，所谓“免耕”，是指水稻移植前稻田不经任何翻耕犁耙直接播撒秧苗；二是采取围埂办法，即在靠近虾沟的田面，围上一圈高 30 厘米，宽 20 厘米的土埂，将环形沟和田面分隔开，以利于田面整理。整田时间尽可能短，以免沟中虾和鳖因长时间密度过大、食物匮乏而造成病害和死亡。

(3) 基肥与追肥

稻田施肥的要求是重施基肥，轻施追肥，重施有机肥，轻施化学肥。对于养虾一年以上的稻田，由于稻田中腐烂的稻草和小龙虾的粪便为水稻提供了足量的有机肥源，一般不需施肥或少施肥。而对于第一年养小龙虾的稻田，可以在插秧前的 10～15 天，每亩施用农家肥 200～300 千克，尿素或复合肥 10～15 千克，均匀撒在田面并用农机具翻耕均匀。

为促进水稻健康生长，保持中期不脱肥、晚期不早衰、田块易控制，在发现水稻脱肥时，能及时施用既能促进水稻生长、降低水稻病虫害，又不会对小龙虾和鳖产生有害影响的生物肥料。

其施肥方法是：先排浅田水，让虾鳖鱼集中到环形沟中再施肥，这样有助于肥料迅速沉淀于底泥中并被田泥和禾苗吸收，随即加深田水至正常深度。也可采取少量多次、分片撒肥或根外施肥的方法进行追肥。严禁使用对鳖、虾、鱼有害的化肥，如氨水和碳酸氢铵等。

(4) 秧苗移栽

秧苗一般在6月中旬开始移植，采取浅水栽插，宽窄行距交替。无论是采用抛秧法还是常规插秧法，都要发挥好宽行稀植和边坡优势，宽行行距30～40厘米，窄行行距15～20厘米，株距18～20厘米，以确保幼鳖、虾、鱼生活环境通风透气和采光性好。

(5) 水位控制

稻田水位控制要做到，既方便晒田，又有利于虾和鳖的生长，使它们不至于因稻田缺水而受到伤害。具体方法是，在每年3月，稻田水位一般控制在30厘米左右，可以提高稻田水温，促使虾和鳖尽早结束冬眠开口摄食；4月中旬以后，稻田水温已基本稳定在20℃以上，为使稻田内水温始终稳定在20～30℃，稻田水位应逐渐提升至50～60厘米；越冬期前的11～12月，稻田水位以控制在30厘米左右为宜，这样既能够让稻蔸露出水面10厘米左右，使部分稻蔸再生嫩芽，又可避免因稻蔸全部淹没水下腐烂，导致田水过肥缺氧，而影响稻田中饵料生物的生长。12月底至第二年3月为虾和鳖的越冬期，要适当提高水位进行保温，一般控制在40～50厘米。

(6) 科学晒田

晒田是水稻栽培中的一项技术措施，又称烤田、搁田、落干。即通过排水和暴晒田块，抑制无效分蘖和基部节间伸长，促使茎秆粗壮、根系发达，从而调整稻苗长势，达到增强抗倒伏能力、提高结实率和粒重的目的。养虾稻田晒田的总体要求是轻晒或短期晒，即晒田时，使田块中间不陷脚，田边表泥不裂缝发白。田晒好后，应及时恢复原水位，不可久晒，以免导致环形沟的虾、鳖、鱼密度过大、淤积时间过长而造成危害。

水稻栽培与管理和虾稻共作相同。

7.3 苗种的投放

(1) 幼鳖投放

鳖的品种宜选择纯正的中华鳖，该品种生长快，抗病力强，品味佳，经济价值较高。要求规格整齐，体健无伤，不带病原。放养时需经消毒处理。幼鳖投放时间应由幼鳖来源而定。土池培育的幼鳖应在5月中下旬的晴天进行，温室培育的幼鳖应在秧苗栽插后的6月中下旬投放，这时稻田的水温可以稳定在25℃左右，对鳖的生长十分有利。

① 大规格放养密度。幼鳖规格为250～500克/只，放养密度为120～150只/亩。

② 小规格放养密度。幼鳖规格为100～150克/只，放养密度为250～300只/亩。

幼鳖必须雌雄分开养殖，这样可避免幼鳖之间的撕咬打斗、自相残杀，以提高幼鳖的成活率。由于雄鳖比雌鳖生长速度快且售价更高，有条件的地方建议投放全雄幼鳖。

(2) 虾种投放

虾种可以分两次进行投放。第一次是在稻田工程完工后投放虾苗，放养时间一般在3～4月，可投放从市场上直接收购或人工野外捕捉的幼虾，体长为3～5厘米（200～400只/千克），投放密度为50～60千克/亩。虾种一方面可以作为鳖的鲜活饵料，另一方面，在饲料充足的情况下，经过40～50天的饲养，虾种可以养成规格25～40克/只的商品虾进入市场销售，收入十分可观。第二次放种时间在8～10月，以投放抱卵虾为主，投放量为15～25千克/亩。抱卵虾经过3个月左右的饲养，虾苗即可自由生活，或进入冬眠期，第二年3～4月，稻田水温升高到16～20℃，轮虫、枝角类动物、桡足类动物、底栖动物得到迅速繁殖，虾种从越冬洞穴出来觅食，稻田的虾种得到补充。这种投放方式最为简单易行、经济实惠。

(3) 鱼种投放

每年6月左右秧苗成活返青后，在田间沟内放养体长为3～5厘米白鲢夏花80～100尾/亩，发挥滤食性鱼类清道夫的作用，以调节水质。还可以投放鲫鱼夏花30尾/亩，以充分利用稻田水体空间和饵料资源。

7.4 饵料投喂和水稻虫害防治

鳖为偏肉食性的杂食性动物，为了提高鳖的品质，所投喂的饲料应以低价的鲜活鱼或加工厂、屠宰场下脚料为主。温室幼鳖要进行10～15天的饵料驯食，驯食完成后即可减少配合饲料投喂量，逐渐增加鲜活饵料的数量。幼鳖入池后7天后即可开始投喂，日投喂量为鳖体总重量的5%～10%，每天投喂1～2次，一般以90分钟以内吃完为宜。鳖的体重可以根据放养的时间、成活率和抽样获得的生长数据推测整个田块的总重量。具体的投饵量视水温、天气、活饵等情况而定。

小龙虾和鱼类以稻田里的浮游动植物和鳖、虾的残剩饵为食，不必专门投饵。

对水稻危害最严重的是褐稻虱，幼虫会大量蚕食水稻叶子。

每年9月20日后是褐稻虱生长的高峰期，稻田里有了鳖、虾，只要将水稻田的水位提高10厘米，鳖、虾就会把褐稻虱幼虫作为饵料消灭，达到生物除虫、变害为宝、节约环保的目的。

值得借鉴的是，在稻田环形沟中间，每间隔100米处，安装频振杀虫灯，对趋光性害虫进行诱杀，可以为虾鳖鱼提供营养丰富的天然饵料。有条件的地方，可以选择在稻田中央竖立高度10米以上的水泥杆，安装较大功率的黑光灯，把较远距离的昆虫先引诱到田头，再由近水处的诱虫灯使之掉进水中，诱捕效率会大大提高，据推测，仅此一项，可节省饲料20%以上。

7.5 日常管理

(1) 水位调控

越冬期满即进入3月，应适当降低水位，沟内水位控制在30厘米左右，以利光照升温。当进入4月中旬以后，水温稳定在20℃以上时，应将水位逐渐提高至50～60厘米，使沟内的水温始终稳定在20～30℃之间，这样有利于鳖、小龙虾和鱼类生长，还可以避免小龙虾提前硬壳老化。5月，为了方便耕作及插秧，可将稻田裸露出水面进行耕作，插秧时可将水位提高10厘米左右；苗种投放后根据水稻生长和养殖品种的生长需求，可逐步增减水位。6～8月根据水稻不同生长期对水位的要求，控制好稻田水位，原则上要求适当提高水位。鳖、小龙虾越冬前的10～12月，稻田水位应控制在30厘米左右，这样可使稻蔸露出水面10厘米左右，既可使部分稻蔸再生，又可避免因稻蔸全部淹没水下，导致稻田水质过肥缺氧，而影响鳖、小龙虾的生长。12月到第二年2月鳖、小龙虾在越冬期间，可适当提高稻田水位，应控制在40～50厘米。

(2) 科学晒田

晒田总体要求是轻晒或短期晒，即晒田时，使田块中间不陷脚，田边表土不裂缝和发白，以见水稻浮根泛白为适度。田晒好后，应及时恢复原水位，尽可能不要晒得太久，以免导致环形沟水生动物因长时间密度过大而产生不利影响。

(3) 田块巡查和水质调控

经常检查养殖水产动物的吃食情况、查防逃设施、查水质等，做好稻田生态种养试验田与对照田的各种生产记录。

根据水稻不同生长期对水位的要求，控制好稻田水位，并做好田间沟的水质调控。适时加注新水，每次注水前后水的温差不能超过4℃，以免虾和鳖感冒致病、死亡。高温季节，在不影响水稻生长的情况下，可适当加深稻田水位，起到保温和促进鳖生长的作用。

7.6 收获与效益

当水温降至18℃以下时，可以停止饲料投喂。一般到11月中旬以后，可以将虾和鳖捕捞上市销售。收获稻田里的虾和鳖通常采用干塘法，即先将稻田的水排干，等到夜间稻田里的虾和鳖会自动从淤泥中爬出来，这时可以用灯光照射。虾和鳖遇强光照眼会静止不动，这时是徒手捕捉的好机会。最好的办法是，用木制或铁制的探耙捕捉。探耙是在耙的横杆上安装8根30厘米长的耙齿。耙齿深入泥中与泥中的物体发生碰撞发出声音，通过声音感知虾和鳖的存在和大小，然后徒手捕捉或用手抄网捕起。平时有亟急需成虾和鳖时，可沿稻田埂边巡查，当虾和鳖受惊潜入水底后，水面会冒出气泡，跟着气泡的位置潜摸，即可捕捉到虾和鳖。

3～4 月放养的幼虾，经过 1～2 个月的饲养，就有一部分小龙虾能够达到商品规格，每亩可收获大规格小龙虾 60 千克。将达到商品规格的小龙虾捕捞上市出售，未达到规格的继续留在稻田内养殖，降低稻田小龙虾的密度，促进小规格的小龙虾快速生长。小龙虾捕捞的方法很多，可用虾笼、地笼网、手抄网等工具捕捉，也可用钓竿钓捕或用拉网拉捕。在 5 月下旬至 7 月中旬，采用虾笼、地笼网起捕，效果较好。

一般情况下，每亩稻田可收获大规格鳖 100 千克，大规格小龙虾 60 千克，商品鲢鳙鲫鱼 50 千克，亩增收 10000 元，纯利在 6000 元以上。

8　虾蟹鱼稻综合种养技术

虾蟹鱼稻综合种养技术是虾稻共作的一种拓展技术。其养殖环境条件与虾稻共作相同。虾蟹生活习性和养殖条件基本相同，但虾蟹的生长旺季不同，小龙虾主要生长时间为4～7月，而中华绒螯蟹的生长旺季在5～9月，因而相互影响较小。这种模式不但提高了稻田的综合利用率，而且有较好的经济效益。

8.1　稻田准备

养虾蟹鱼稻田环境条件与前面所述的虾稻共作条件相同，可参照进行。所不同的是，河蟹对稻田水草种植、水生动物引入的品种有特别的要求，俗话说“蟹多少，看水草”就是这个道理。稻田以种伊乐藻和引入湖螺为宜。

8.2　苗种放养

(1) 蟹苗放养

选用在土池生态环境繁育的中华绒螯蟹蟹种，在2～3月，采取围沟圈养的方法，投放规格为120～200只/千克的扣蟹，按每亩放养密度300～400只计算放养量。起初，蟹种应在围沟内圈养，待5月底6月初，整田灌水插秧后，再撤围散养。或在5月底6月初整田插秧后投蟹苗，放养密度控制在规格为40～60只/千克的幼蟹200～250只。

(2) 小龙虾放养

分为投放亲虾模式和投放幼虾模式两种。

① 投放亲虾养殖模式。初次养殖时，在当年的8月底至9月初，往稻田的环形沟和田间沟中投放亲虾，每亩投放20～30千克，再次养殖的稻田每亩投放5～10千克。

选择亲虾要把握好以下几点：其一，颜色为暗红或深红色，有光泽、体表光滑无附着物；其二，个体大，雌雄性个体重应在30克以上，雄性个体宜大于雌性个体；其三，雌雄性亲虾应附肢齐全、无损伤、无病害、体格健壮、活动能力强。

亲虾应从养殖场和天然水域挑选。挑选好的亲虾用不同颜色的塑料虾筐按雌雄分装，每筐上面放一层水草，保持潮湿，避免太阳直射，运输时间应不宜超过8小时。亲虾投放前，环形沟和田间沟应移植40%～60%面积的飘浮植物给亲虾“安个家”。亲虾按雌、雄性比（2～3）∶1投放。投放时将虾筐反复浸入水中2～3次，每次1～2分钟，使亲虾适应水温，然后投放在环形沟和田间沟中。

② 投放幼虾养殖模式。如果在头一年养殖时，错过了投放亲虾的最佳时机，可以在第二年的4～5月投放幼虾，每亩投放规格为2～3厘米的幼虾1万尾左右。如果是续养稻田，根据虾的密度，在6月上旬插秧后酌情补投幼虾，保证合理密度，才能获得最佳效益。

(3) 鱼种放养

每亩投放3～5厘米的中科3号异育银鲫100尾，规格为100克/尾的鲢鳙鱼种30尾。巧妙地利用物种生存空间和食物的差异性，起到清洁水质、废物利用、节水环保的作用。

8.3 饲养管理

河蟹和小龙虾除利用稻田中天然饵料外，要定期投喂水草、小麦、玉米、豆饼和螺蚬、蚌肉等饵料。采取定点投喂与适当撒投相结合，保证所有的蟹和虾都能较容易获得食物。饲养期间要保持稻田水质清新，溶氧充足。水位过浅时，要及时加水；水质过肥颜色过浓时，应该及时更换新水。换水时进水速度不要过快过急，可采取边排边灌的方法，以保持水位相对稳定，避免养殖对象受到惊扰。平时要坚持早晚各巡田一次，检查水质状况、蟹和虾摄食情况、水草和天然饵料的数量及防逃设施的完好程度。遇到大风大雨天气，要随时检查，严防虾蟹种苗外逃，尤其要防范老鼠、青蛙、鸟类等敌害侵袭。

稻田养殖河蟹和小龙虾由于生态环境好，一般很少生病，但仍要“以防为主”。在蟹种和亲虾放养时，用3%～5%食盐水浸浴10分钟，杀灭寄生虫和致病菌。生长期间每15～20天泼洒1次生石灰水，每亩用量5千克，可以调节水质、补充钙源、增加生物种群。

8.4 收获与效益

当年11月份水稻收割后，可放浅稻田积水，捕捞虾蟹。但要留足下年的亲虾，然后再给稻田灌水，让亲虾在稻田中越冬。采用地笼捕捞，将河蟹全部捕起，只捕捞部分大个体小龙虾。每亩可收获水稻500千克，规格为125克/只的河蟹30千克，小龙虾50千克，成鱼40千克，纯利润在5000元/亩左右。投入产出比在1∶2.5左右。

9 虾鳖鳝稻综合种养技术

虾鳖鳝稻共作是巧妙地借用了网箱养鳝池塘养殖一季黄鳝两季养小龙虾的一种生态养殖模式。与虾稻共作有异曲同工之妙，把网箱引入稻田环形沟，网箱养鳝大都是5～6月放养，而此前稻田的环形沟是闲置的，在这个时节，可以设置网箱进行鳝鱼饲养。并在环形沟中投放小龙虾苗种，巧妙合理地利用这一时间差，先养一季虾，待鳝苗投放后虾鳖鳝混养。虾鳖鳝混养期给鳝鱼投喂的动物性饲料，不可避免地会有食物外溢或剩余，在夏天高温水体中，易腐败变质，污染水体，导致水体浮游生物过度繁殖，诱发黄鳝病害发生，黄鳝上草直至死亡。而养虾期留下的幼苗幼虾，其摄食习性就是喜欢吃腐烂性动物残食和浮游生物，可消除外溢或剩余食物。实践证明，这种混养模式有以下几方面的优点：一是充分利用池塘资源，大幅度增加了池塘的单位效益。二是有效改善了养殖水质条件，大大降低了鳖、鳝病的发生概率，提高了鳖鳝养殖的产量和效益。三是充分利用饵料资源，有效减少换水、调水次数，既节水又降低了养殖成本。

9.1　稻田工程建设

① 稻田的选择。综合种养对稻田要求高。选择水质良好、水量充足、周围没有污染源、保水能力较强、排灌方便、不受洪水淹没的成片田块进行稻田养小龙虾，面积以50～200亩为宜。

② 开挖田间沟。沿稻田田埂内侧四周1.0米开外，开挖供小龙虾活动、避暑、避旱和觅食的环形沟，环形沟面积占稻田总面积的10%～12%，沟宽2.5～4.0米，沟深2.0～2.5米。利用挖环形沟的泥土加宽、加高、加固田埂。田埂加高、加宽时，每加一层泥土都要进行夯实，以防以后雷阵雨、暴风雨时使田埂坍塌，确保堤埂不开裂、不漏水，以增强田埂的保水性能和防逃能力。改造后的田埂，应高出稻田平面0.5米以上，埂面宽大于1.5米，池堤坡度比为（1∶1.5)～(1∶2)。

③ 建设防逃墙。将石棉瓦埋入田埂泥土中20～30厘米，露出地面高50～60厘米，为防止石棉瓦移位，应每隔80～100厘米处用一木桩固定，或者将前后石棉瓦上端用铁丝固定。稻田四角转弯处的防逃墙做成弧形，以防止鳖沿夹角攀爬外逃。

④ 建设进排水系统。结合开挖环形沟综合考虑，进水口和排水口成对角设置。进水口建在田埂上；排水口建在沟渠最低处，由一弯管控制水位。与此同时，进、排水口用铁丝网围住，以防鳖逃逸。

⑤ 建设晒台、饵料台。晒台和饵料台合二为一，具体做法是：在田间沟中每隔10米左右设一个饵料台，台宽0.5米，长2米，饵料台一端在埂上，另一端没入水中10厘米左右。

9.2 放养前的准备

① 清沟消毒。放虾鳖前10～15天，清理环形沟和田间沟，铲除浮土，筑牢池埂沟壁。每亩稻田环形沟用生石灰溶液20～50千克，或选用漂白粉溶液消毒，方法与池塘消毒相同，对环形沟和田间沟进行彻底清沟消毒，杀灭野杂鱼类、敌害生物和致病菌。

② 施足基肥。放虾鳖前7～10天，在稻田环形沟中注水20～40厘米，然后施肥培养饵料生物。一般结合整田过程，每亩稻田均匀施入有机农家肥300～500千克，农家肥肥效慢，肥效持续时间长，施用后对虾和鳖的生长无影响，还可以减少后期追肥的次数和数量，因此，最好施有机农家肥，一次施足。

③ 移栽水生动植物。环形沟内栽植轮叶黑藻、金鱼藻、眼子菜等沉水性水生植物，在沟边种植蕹菜，在水面上浮植水葫芦等。控制好水草的面积，一般水草占环形沟面积的40%～50%，以零星分布为好，不可聚集在一起，这样有利于环形沟内水流畅通。每亩投放50～100千克螺、蚬等，使其在稻田中自然繁殖，为小龙虾持续提供优质的天然饵料。

④ 过滤及防逃。进、排水口要安装竹箔、铁丝网及网片等防逃、过滤设施，严防敌害生物进入或虾、鳖苗随水流逃逸。如果采用PVC塑料管作进、排水管，则在管口安装防逃网罩即可，这种方法最简单。

9.3 苗种放养

(1) 幼鳖投放

鳖的品种宜选择纯正的中华鳖，该品种生长快，抗病力强，品味佳，经济价值较高。要求规格整齐，体健无伤，不带任何病原。放养时需经消毒处理。幼鳖投放时间应由幼鳖来源而定。土池培育的幼鳖应在5月中下旬的晴天进行，温室培育的幼鳖应在秧苗栽插后的6月中下旬投放，这时稻田的水温可以稳定在25℃左右，对鳖的生长十分有利。幼鳖以本地饲养的成活率高，从外地购买，由于路途遥远体力消耗较大，加上操作时的人手和工具的触摸和碰击，不可避免地带来伤害，成活率会降低，对于有损伤或带病的幼鳖几乎没有成活率，这一点很重要。稻田养鳖失败的教训很多，无数次的实践证明，投放大规格鳖种是稻田养鳖成功的关键。

① 大规格放养密度。幼鳖规格为250～500克/只，放养密度为100～120只/亩。

② 小规格放养密度。幼鳖规格为100～150克/只，放养密度为150～200只/亩。

幼鳖必须雌雄分开养殖，这样可避免幼鳖之间的撕咬打斗，自相残杀，以提高幼鳖的成活率。由于雄鳖比雌鳖生长速度快且售价更高，有条件的地方建议投放全雄幼鳖。对于生病的幼鳖，死亡后往往沉入水底，腐烂后又成为健康鳖的食物，传染疾病，还不易被发现，所以危害很大。养鳖成功与否，选种是关键，这一点毋庸置疑。

(2) 小龙虾放养

小龙虾放养通常选用两种模式。

① 亲虾放养模式。每年的7～8月，在中稻收割之前的1个月左右，在先期已开挖的稻田环形沟里投放经挑选的小龙虾亲虾。投放量为每亩20～30千克，雌雄比例为3∶1。小龙虾亲虾投放后不必投喂饵料，亲虾可自行摄食稻田中的水稻秸秆、有机碎屑、浮游动物、水生昆虫、周丛生物和水草。在投放种虾这种

模式中，小龙虾亲虾的选择很重要。选择小龙虾亲虾的标准如下：其一，颜色暗红或黑红色、有光泽、体表光滑无附着物；其二，个体大，雌、雄性个体重都要在30克以上，最好雄性个体大于雌性个体；其三，亲虾雌、雄性都要求附肢齐全、无损伤、体格健壮、活动能力强；其四，亲虾离水时间要尽可能短，不可长时间脱水。

② 幼虾放养模式。每年的10～11月，当中稻收割后，用木桩在稻田中营造若干深10～20厘米的人工洞穴并立即灌水。往稻田中投施腐熟的农家肥，每亩投施量为200～300千克，均匀地投撒在田面上，淹没于水下，以快速培肥水质，之后再往稻田中投放离开母体不久、体长为2～3厘米的幼虾1.0万～1.5万尾。在天然饵料生物不足时，可适当投喂一些鱼肉糜、绞碎的螺、蚌肉及动物屠宰场和食品加工厂的下脚料等，也可投放人工采集的枝角类、桡足类和轮虫，每亩每日可投800～1000克。这种活饵料适口性强，能加快幼虾生长。人工饲料投放在稻田沟坡边，以呈多点块状分布为宜。

值得注意的是，稻田中的稻草应尽可能多地留置在稻田中，呈多点堆积并没于水中浸沤起到双重作用，供小龙虾栖息和摄食之用。整个秋冬季，注重投肥，培肥水质。一般每个月施一次腐熟的农家粪肥。天然饵料生物丰富的可不投饲料。当水温低于12℃时，可不投喂。冬季小龙虾进入洞穴中越冬，到第二年的2～3月水温适合小龙虾时，要加强投草、投肥，培养丰富的饵料生物，一般每亩每半个月投一次水草，约100～150千克，每个月投一次发酵的猪牛粪，约100～150千克。有条件的每日还应适当投喂一次人工饲料，以加快小龙虾的生长。可用的饲料有饼粕、谷粉，砸碎的螺、蚌及动物屠宰场的下脚料等，投喂量以稻田存虾重量的2%～6%加减，傍晚投喂。人工饲料、饼粕、谷粉等在养殖前期每亩投量在500克左右，养殖中后期每亩可投1000～1500克；螺蚌肉可适当多投。4月中旬用地笼开始捕虾，捕大留小，一直至5月底、6月初中稻田整田前，排干稻田积水，将小龙虾全部捕起。

(3) 黄鳝放养

虾鳖鳝稻综合种养，是利用稻田中较深环形沟的水源，在其中设置网箱，以投喂饵料为主，黄鳝排出的粪便作为水稻的肥料，这样既节水又节肥，还可以生产有机水稻。

① 网箱设置。5月下旬至6月初，在稻田环形沟中设置小型网箱。每亩设置20口网箱为宜。

网箱规格为2.0米×2.0米，箱高1.2米，用网目为0.5～1.0厘米聚乙烯无结节网片做成。网箱分排设置，使用边长为25厘米的水泥柱和0.5厘米粗的铁丝固定在池水中部。箱体之间的间隔为1～2米，水下部分为0.7米，水上部分为0.5米。4平方米的小网箱，提高了单位面积的产量，减少了管理成本，只需1人就可在小渔船上完成清箱、洗箱等操作。最好的木船替代工具是规格为2.0米×1.2米×0.2米的泡沫浮体，表面用乙烯网布包裹，可载重400千克以上，经济适用。

② 网箱消毒和水草移植。网箱在鳝种入箱前5～7天下水，新做的网箱要在水中浸泡15天左右，让网箱的毒性消失，并在箱体上形成一层生物膜，避免鳝种擦伤。模拟黄鳝自然栖息环境，箱内种植水草，如水花生、凤眼莲等，覆盖面占网箱面积的80%左右，旨在净化水质并为黄鳝提供隐蔽歇荫场所。水草的覆盖面积占箱体的2/3。鳝种放养前3～5天，对箱内水草及水体用漂白粉消毒。

③ 鳝种投放。鳝种来源以人工繁育和地笼捕捉为好，以深黄大斑鳝生长最快。要求体质健壮，规格整齐，体表光滑，无病

无伤。放养时间选择在端午节后6月中下旬，气温和水温较为稳定时，至关重要的是天气，如果放养鳝种的前、后3天是晴好天气，则鳝种的成活率将达到80%以上，可避免出现应激反应。如果在阴雨天气放种，鳝种成活率在50%以下，所以天气是放种成功与否的关键。

投放规格以尾重10～20克为宜，密度20～30尾/平方米。鳝种以中等规格为好，越大成活率越低。

做好鳝种消毒。在运输过程中，每50千克黄鳝要用100克“维鳝命”化水浸泡，长途运输应减少换水次数，最好不换水，可提高成活率。下箱前，通过压水的方法选择活泼健壮的个体，再用0.2%～0.5%的电解多维浸泡10～20分钟后入箱。苗种投放后停食5～7天，停食期间第1天用“维鳝命”泼箱；第二天全池泼洒“二氧化氯”＋“百血停”，可显著提高鳝种成活率。应避免环境水温变化过大（±2℃）或运输时间过长。避免使用刺激性较强的食盐、聚维酮碘给鳝种消毒，以减少死亡，提高鳝种成活率。

也可以直接向稻田投放鳝种，每亩放养规格20～30克/尾的大斑鳝种1000～1500尾，收获时用地笼捕起，但经济效益比小网箱养殖要低得多。

9.4 饲料投喂

(1) 鳖的投喂

鳖以肉食性为主，为了提高鳖的品质，所投喂的饲料应以低价的鲜活鱼或加工厂、屠宰场的下脚料为主，适当减少配合饲料的投喂量。温室幼鳖要进行10～15天的饵料驯食，驯食完成后即可减少配合饲料投喂量，逐渐增加鲜活饵料的数量。幼鳖入池

7天后即可开始投喂，日投喂量为鳖体总重量的2%～8%，每天投喂1～2次，一般以90分钟以内吃完为宜。鳖的体重可以根据放养的时间、成活率和抽样获得的生长数据推测整个田块的总重量。具体的投饵量视水温、天气、活饵等情况而定。

(2) 黄鳝的投喂

鳝种下箱5～7天后，用蚯蚓或水蚯蚓作开口饲料能使鳝种较早开口摄食。再以小杂鱼、螺蚬、蚌肉等为主进行驯食3～5天，驯食成功后才能转入常规投喂。主要饲料为白鲢鱼糜和鳝颗粒饵料重量比1∶1～2∶1的搅拌料，适当添加“维鳝命”、五黄散、板蓝根等中药。白鲢、小杂鱼等活鲜鱼的饲料系数为6～8，配合饲料的为1.5～2.4。对驯食成功的黄鳝投喂用鱼血水浸泡过的颗粒饵料可增加诱食性。投喂量一般为黄鳝体重的2%～8%，具体日投饵量根据天气、水温、水质、黄鳝的活动情况灵活掌握，一般以投喂2小时以内吃完为好。投喂时间一般在每天日落前1小时左右进行。10月后水温渐低，黄鳝投饵时间逐步提前到温度高的下午。

(3) 小龙虾的投喂

小龙虾和鱼类以稻田里的浮游动植物、细菌团、有机碎屑、植物嫩芽、腐烂的稻草、水生昆虫、底栖动物和鳖的残剩饵为食，不必专门投饵。

值得借鉴的是，在稻田环形沟中间，每间隔100米处，安装频振杀虫灯。频振杀虫灯杀虫谱广，可诱杀地老虎、棉铃虫、甜菜夜蛾等1000多种害虫。对趋光性害虫进行诱杀，可以为虾鳖鳝提供营养丰富的天然饵料。有条件的地方，可以选择在稻田中央竖立高度5米以上的水泥杆，安装较大功率的黑光灯，把较远距离的昆虫先引诱到田头，再由近水处的诱虫灯使之掉进水中，诱捕效率会大大提高，据推测，仅此一项，可节省饲料5%～

10%以上。

9.5 饲养管理

每天早、晚坚持巡田，观察沟内水色变化和虾的活动、吃食、生长情况。田间管理的工作主要集中在水稻晒田、施肥、用药、防逃、防病害等工作。

(1) 晒田

稻谷晒田宜轻烤，不能完全将田水排干。水位降低到田面露出即可，而且时间不宜过长。晒田时幼鳖进入虾沟内，如发现幼鳖有异常反应时，要立即注入新水。

(2) 稻田施肥

稻田基肥要施足，应以施腐熟的有机农家肥为主，在插秧前稀释和解除毒性。一次施入耕作层内，达到肥力持久长效的目的。追肥一般每月一次，可根据水稻的生长期及生长情况施用生物复合肥10千克/亩，或用人、畜类堆制的有机肥，对小龙虾无不良影响。施追肥时最好先排浅田水，让虾集中到环形沟、田间沟中，然后再施肥，使追肥迅速沉积于底层田泥中，并被田泥和水稻吸收，随即加深田水至正常深度。

(3) 水稻施药

小龙虾对许多农药都很敏感，稻田养虾的原则是能不用药时坚决不用，需要用药时则选用高效低毒的无公害农药和生物制剂。施农药时要注意严格把握农药安全使用浓度，确保小龙虾的安全，并要求喷药于水稻叶面，尽量不喷入水中，而且最好分区用药。分区用药的含义是将稻田分成若干个小区，每天只对其中一个小区用药。一般将稻田分成2～3个施药小区，交替轮换用药，在对稻田的一个小区用药时，小龙虾可自行进入另一个小区，避免伤害。水稻施用药物，应避免使用含菊酯类和有机磷类的杀虫剂，以免对小龙虾造成危害。喷雾水剂宜在下午进行，因稻叶下午干燥，大部分药液吸附在水稻上。同时，施药前田间加水至20厘米，喷药后即换水。

(4) 防逃、防病害

每天巡田时检查进出水口筛网是否牢固，防逃设施是否损坏。汛期防止洪水漫田，发生逃虾的事故。巡田时还要检查田埂是否有漏洞，防止漏水和逃虾。

稻田养鳖、虾、鳝，其敌害并不多见，主要有些争食的对象，如蛙、水蛇、水老鼠和一些水鸟等，这些敌害对50克以下的稚鳖危害较大，对大规格幼鳖并无危害。除放养前彻底用药物清除外，进水口时要用20目纱网过滤；平时要注意清除田内敌害生物，有条件的可在田边设置一些彩条或稻草人，恐吓、驱赶水鸟。

鳖和小龙虾的抗病力比较强，在稻田中如果雌雄比例得当、密度适当、饲料新鲜，一般不会得病。

鳝病预防是虾鳖鳝稻田养殖的重点。预防措施是，待黄鳝正常摄食后，用100克“复方阿苯哒唑粉”拌30千克黄鳝料投喂一次，可彻底杀灭寄生虫；以后每隔半个月每50千克鳝鱼用“维鳝命”100克＋“利胃散”100克＋“2.5%诺氟沙星散”100克拌25千克料投喂3～5天。投喂人工颗粒饲料的黄鳝要加喂“保健粉”，在8～9月投喂“保肝宁”。7～9月高温季节，水温超过30℃以上时注意调节水温，减少投饵量或停止投喂。每10～15天施一次“芽孢杆菌”或“EM菌”等降低水中氨氮。

黄鳝的疾病包括细菌性疾病（含出血病、肠炎、烂尾、大头病等）可内服“恩诺沙星粉”或用“二氧化氯”＋“百血停”泼箱或全池泼洒；应激性疾病（含上草、打转、发狂、感冒等）可内服“维鳝命”。做到预防为主，对症下药。

(5) 日常管理

坚持早晚巡查。经常仔细检查箱体是否被老鼠咬破，如有漏洞及时修补；定期捞取网箱内过多的水花生，防止水花生长出箱体，在雨天出现逃鳝现象。注意池塘水位变化，特别是夏季下暴雨或高温干旱时，应及时调控网箱位置。

水质好坏直接影响黄鳝的摄食、生长及疾病的发生。7～8月是黄鳝摄食生长的最佳时间，随着投喂量的增加，排泄物增多，特别是养殖水体中藻类的繁殖过多，水质极易恶化。根据水温、天气、饲料、摄食状况，定期注入新水或交换新水。一次换水一般为整个养殖水体的三分之一，水源条件好的养殖场，一般2～3天换水一次，在远离养殖网箱的地方加注新水，以免大量交换水体，使黄鳝产生应激反应，影响生长。还可以定期泼洒EM菌，改善水质，增加水体有益的微生物的产量，间接为小龙虾增加了饵料生物。

9.6 收获与效益

当年底可以收获体重1200千克以上的大规格鳖100千克以上，个体重25克以上的大规格小龙虾50千克以上，两项收益16000元，纯利润超过8000元。

4平方米的网箱，6月投放尾重20～30克的鳝种，经过5～6个月的饲养，鳝种增重倍数为5～10倍，个体越小增重倍数越高。每口网箱可产个体100克以上的商品鳝20千克左右，售价在60～70元/千克，扣除各种成本30～40元/千克，单口网箱利润在500元左右，每亩20口网箱共获纯利10000元。

稻田养殖虾、鳖、鳝，三者综合利润达到18000元，效益十分可观。但是，在实际养殖生产中，由于综合养殖技术含量高，养殖户要根据自己的养殖种苗、饲料和资本等情况合理安排三者的比例，科学投喂，不可盲目跟风，以免造成不必要的损失。

10 虾鳅稻综合种养技术

虾鳅稻综合种养是指利用稻田浅水环境，应用生态经济学原理和现代技术手段，对稻田生态系统的结构和功能进行改造，选择优良的水稻品种和名特优水产品在同一稻田生态系统内进行生物工程技术、水产养殖技术和水稻种植技术的集成，在不使用化肥和农药的情况下，通过生物工程技术防控稻田病虫害，清除杂草，同时水生动物的粪便给水稻提供优质的有机肥料，形成田面种稻，水体养虾、鳅等水生经济动物的互利共生生态系统，降解直至消除稻田的农药残留，改善因长期使用化肥而越来越板结的土壤，逐步修复稻田生态，以提高稻田的综合生产能力，实现生态重建，实现“一地两用、一水双收”，实现稻田单位面积产量（在保证稻谷稳产或增产的情况下增加了水产品）、稻田单位面积效益（亩增收 6000 元以上）和产品质量（稻谷、水产品均为有机食品）“三高”的现代生态循环农业模式，是水稻与水产结合重建农业生态的典范模式。

10.1 稻田选择及设施建设

稻田高效生态种养技术的关键是有好的生态环境，因此建造好田间工程，选择优质水稻和虾鳅苗种，在整个种养过程中不用化肥和农药。

虾鳅稻生态种养的稻田应集中连片、便于管理，同时应选择在地面开阔、地势平坦、避风向阳、安静的地方，要求水源充足、水质优良、稻田附近水体无污染、旱不干雨不涝、能排灌自如。稻田的底质以壤土为好，田底肥而不淤，田埂坚固结实不漏水。

虾鳅苗种放养前，稻田需进行改造与建设，主要内容包括：开挖田间沟，加高、加宽田埂，建立防逃设施和完善进、排水系统、遮阳棚的搭建等。

(1) 开挖田间沟

沿稻田田埂内侧四周开挖供水产养殖动物活动、避暑、避旱和觅食的环形沟，环形沟面积占稻田总面积的8%～10%，沟宽2～3米，沟深1.0～1.5米。

(2) 加高加宽田埂

利用挖环沟的泥土加宽、加高、加固田埂。田埂加高、加宽时，泥土要打紧夯实，确保堤埂不裂、不跨、不漏水，以增强田埂的保水和防逃能力。改造后的田埂，要求高度在0.5米以上（高出稻田平面），埂面宽不少于1.5米，池堤坡度比为（1∶1.5)～2。

(3) 建立防逃设施

防逃设施可使用水泥瓦和材料建造，其设置方法为：将水泥瓦埋入田埂上方内侧泥土中30厘米，露出地面30厘米，然后每隔100厘米处用一木桩固定。如果用砖塑料薄膜，可选择工程塑料或聚乙烯网片加薄膜，在四周田埂上方内侧建30厘米高的防逃网并在薄膜顶端缝上10厘米的塑料薄膜即可，主要防止小龙虾沿墙壁攀爬外逃。安装进排水管道和防逃网罩。

在田边，可以种植红薯、南瓜、丝瓜、花生等农作物，并搭建遮阳棚，为小龙虾营造良好栖息场所。

10.2 田间沟消毒和移植水草

环沟挖成后，在苗种投放前10～15天，每亩沟面积用生石灰100千克带水进行消毒，以杀灭沟内敌害生物和致病菌，预防虾、鳅的疾病发生。

移栽水生植物是稻田养殖小龙虾的关键所在，俗话说得好“虾多少，看水草”，蕴藏着深刻的道理。在围沟内栽植轮叶黑藻、伊乐藻、马来眼子菜等水生植物，或在沟边种植水花生，但要控制水草的面积，一般水草面积占渠道面积的30%左右，以零星分布为好，不要聚集在一起，以利于渠道内水流畅通无阻，能及时对稻田进行灌溉。

10.3 施基肥

放鳅前先将田水排干，暴晒3～4天，再按每亩田块施畜肥300千克，使用机械翻动土壤，使土壤和肥料能均匀混合。之后，仍需暴晒4～5天，使畜肥腐烂分解，待土壤充分吸收后再蓄水种稻。当田面水深15～30厘米时，每100平方米水田放养体长为3～5厘米左右的原鳅种10～15千克。

10.4 苗种放养

品种的优劣直接影响产量的高低和质量的好坏。因此，应选择具有生长快、繁殖力强、抗病的小龙虾和泥鳅苗种。

(1) 放养时间

“早插秧，早放养”，小龙虾的苗种放养时间和方法与虾稻共生相同。

泥鳅苗种放养一般在中稻插秧后 10 天左右，以泥鳅夏花或大规格鳅种为宜。不可投放泥鳅水花，其成活率很低。此时稻田的秧苗已成活，饵料生物已渐丰富。

(2) 放养密度和规格

每亩放养 6～10 厘米的泥鳅种10000～12000 尾。为了确保产量和效益，可根据鳅种的规格作适当调整。

虾种投放分两次进行。第一次是在稻田工程完工后投放虾苗，时间一般在 3～4 月，可投放从市场上直接收购或人工野外捕捉的幼虾，规格一般为 200～400 只/千克，投放量为 50～75 千克/亩。第二次是在 8～10 月份投放抱卵虾，投放量为 25～30 千克/亩。

10.5 饲料及投喂

鳅种放养第一周先不用投饵。一周后，每隔 3～4 天喂一次。开始投喂时，饵料撒在鱼沟和田面上，以后逐渐缩小范围，集中在鱼沟内投喂；一个月后，泥鳅正常吃食时，每天喂两次。泥鳅放养后第一个月，饲料可以投喂鱼粉、豆饼粉、玉米粉、麦麸、米糠、畜禽加工下脚料等；水温 25℃以上时，动植物饲料组成 7：3；水温 25℃以下时，动植物饲料组成 1：1。开始时采用撒投法，将饲料均匀地撒在田面上，以后逐渐缩小撒投面积，最后将饵料投放在固定的鱼坑里。一个月后，每隔 15 天追肥一次。

小龙虾可投喂南瓜、菜叶、豆粕等植物性饲料或全价人工配合饲料。

值得借鉴的经验是对于从市场上购买的小龙虾、泥鳅苗种，如果在下池之前，投喂一次水蚯蚓活饵料，使之提前开口设施，恢复体质，可以显著提高其成活率。

10.6 日常管理

(1) 水位控制

越冬以后，即进入3月份时，应适当降低水位，沟内水位控制在30厘米左右，以利提高水温。当进入4月中旬以后，水温稳定在20℃以上时，应将水位逐渐提高至50～60厘米，这样有利于小龙虾的生长，避免小龙虾提前硬壳老化。5月份，为了方便耕作及插秧，可将稻田裸露出水面进行耕作，插秧时田面水位保持在10厘米左右；鳅种投放后根据水稻生长和养殖品种的生长需求，可逐步增减水位。

6～9月根据水稻不同生长期对水位的要求，控制好稻田水位，原则上要求适当提高水位。小龙虾越冬前（即10～11月）的稻田水位应控制在30厘米左右，这样可使稻蔸露出水面10厘米左右，既可使部分稻蔸再生，又可避免因稻蔸全部淹没水下，导致稻田水质过肥缺氧，而影响小龙虾的生长。12月至翌年2月小龙虾在越冬期间，可适当提高稻田水位，应控制在40～50厘米。

(2) 科学晒田

晒田总体要求是轻晒或短期晒，即晒田时，使田块中间不陷脚，田边表土不裂缝和发白，以见水稻浮根泛白为适度。田晒好后，应及时恢复原水位，尽可能不要晒得太久，以免导致环沟水生动物因长时间密度过大而产生不利影响。

(3) 勤巡田

经常检查养殖泥鳅、小龙虾的吃食情况，查防逃设施，查水质等，做好各种生产记录。

(4) 水质调控

根据水稻不同生长期对水位的要求，控制好稻田水位，并做好田间沟的水质调控。适时加注新水。高温季节，在不影响水稻生长的情况下，可适当加深稻田水位。要经常用生石灰化成浆，对围沟进行泼洒，改善水质，消毒防病。对围栏设施和田埂，要定期检查，发现损坏，及时修补。

(5) 虫害防治

对水稻危害最严重的是褐稻虱，幼虫会大量蚕食水稻叶子。每年 9 月 20 日后是褐稻虱生长的高峰期，稻田里有了虾、鳅，只要将水稻田的水位提高 10 厘米，虾、鳅就会把褐稻虱幼虫吃掉，达到避虫的目的。

(6) 经常检查堤防设施，防止逃鳅

稻田水位应根据稻鳅需要适时调节，初期 15～30 厘米深，中后期 40～60 厘米深。日常管理中可适量施放石灰，一方面可作为肥料，另一方面可起到消毒作用。此外，养虾、鳅的水田一般不宜过多除草。

泥鳅养殖过程中常见的病害有水霉病、打印病、烂鳍病、寄生虫病。由于稻田鱼病较难治疗，故在放养鳅种时须经过检疫或采用鱼种消毒等预防措施。

10.7 收获方法

小龙虾、泥鳅因潜伏于泥中生活，捕捞难度大。但根据小龙虾、泥鳅在不同季节的生活习性特点，可采取以下方法进行收获。冬季在田里泥层较深处事先堆放数堆猪粪、牛粪作堆肥，引诱泥鳅集中于粪堆内进行多次捕捞；春季将进出水口打开装上竹篓，小龙虾、泥鳅自然会随水进入其中；秋季将田里水全部排干重晒，晒至田面硬皮为度，然后灌入一层薄水，待泥鳅大量从泥中出来后进行网捕。最好的办法就是用地笼，全年各个季节均可捕捞。

11 稻田虾鳝共作技术

近年来，随着人民生活水平的不断提高，国内外对黄鳝的需求不断增长，农民投资养鳝的热情也在不断高涨。一些水源条件好的地方，特别是江汉平原地区，把网箱养鳝作为转变经济增长方式和农业增收农民致富的重要途径。养殖规模也在不断扩大。形成了生产规模化、销售网络化的产业格局。但是由于网箱养鳝只有4～5个月的水体利用期，其他时间的养殖水体都是闲置的，此外，由于是网箱养鳝，网箱面积只占养殖水体的40%，且都在深水区，造成了很大的资源浪费。如果采取空间分隔技术开展小龙虾养殖，则可达到很好的经济、社会和生态效益。

虾鳝共作是巧妙合理地利用网箱养鳝池塘养殖一季黄鳝两季龙虾的高产高效的生态模式。与虾稻共作有异曲同工之妙，网箱养鳝大都是6月底至7月上旬放养，而此前池塘水域都是闲置的，虾鳝共作就是巧妙合理地利用这一时间差，先养一季虾，待鳝苗投放后虾鳝混养。虾鳝混养期给鳝鱼投喂的动物性饲料，不可避免地会有食物外溢或剩余，在夏天高温水体中，易腐败变质，污染水体，导致水体浮游生物过度繁殖，诱发黄鳝病害发生，黄鳝上草直至死亡。而养虾期留下的幼苗幼虾，其摄食习性就是喜欢吃腐烂性动物残食和浮游生物，可消除外溢或剩余食物。实践证明，这种混养模式有以下几方面的优点：一是充分利用池塘资源，大幅度增加了池塘的单位效益。二是有效改善了养殖水质条件，大大降低了虾鳝病的发生概率，提高了虾鳝养殖产量和效益。三是充分利用饵料资源，有效减少了换水、调水次数，降低了养殖成本。

11.1 小龙虾养殖

(1) 清塘消毒

每年 10～12 月待黄鳝收获销售结束后，将池水降落一定水位，用只杀鱼不杀虾的药物（如鱼藤精等）清池消毒，清除小杂鱼。然后再将水加至原来水位，让小龙虾自然越冬。

(2) 水草种植

在池塘底层种植沉底水草，在池塘四周种上水花生，为小龙虾营造良好的栖息环境，水草既可以作为小龙虾的食物，还可以改良水质。

(3) 投放亲虾

每年 8～9 月，按质量要求亩投优质亲虾 25 千克，以亲虾自然繁殖的虾苗做下一年的虾种。或 4～5 月亩投体长 3 厘米虾苗 8000～10000 尾，以稻田食物和投喂饵料相结合的方式提高小龙虾的产量。

(4) 小龙虾饲养管理

当年 3 月底对小龙虾进行投食喂养。小龙虾虽属杂食性动物，但也有选择性，植物性饲料中喜食麸皮、面粉，动物性饲料中喜食蚯蚓、小杂鱼、鱼粉、劣质鲜鱼块等。可按 30%～40%

的动物性饲料、60%～70%的植物性饲料配制喂养。在池塘四周遮挡物少的浅水区设多处投饲区。日投喂量随虾体增长而逐渐增加，一般为虾体重的5%～10%。日投2次，时间在上午6～7时，下午6～7时，下午投喂量占总量的70%。

11.2 黄鳝养殖

(1) 网箱设置

① 设箱时间。5月下旬至6月初。

② 网箱制作。网衣为30目的聚乙烯网片制成，网箱无框架，敞口式，在网箱外边上部附塑料薄膜。

③ 网箱大小。网箱规格为4平方米（2米×2米），太大不利管理，太小成本较高，网高2米。

④ 网箱数量。亩平均40口箱。

⑤ 网箱架设。箱与箱的间距为1.5米左右，顺池边排放，距池埂1.5米左右，便于投饵和日常管理。箱四角固于铁丝上，并绷紧网箱，使网箱悬浮于水中。网箱放入水中浸泡15天，待其有害物质消失后再投放鳝种。

⑥ 移植水草。模拟黄鳝自然栖息环境，箱内种植水草，如水花生等，水草的覆盖面积占箱体的2/3。鳝种放养前3～5天，对箱内水草及水体用漂白粉消毒。

(2) 鳝种投放

① 鳝种来源及规格。从当地黄鳝苗种场购买鳝种。规格在50克/尾左右，要求体质健壮，规格整齐，体表光滑，无病无伤。

② 放养时间及密度。在6～7月放养鳝种。待网箱内水草成活后，选连续两个以上晴天的时间投放。放养量为2千克/平

方米。

③ 鳝种消毒。为提高鳝种存活率，减少疾病的发生，鳝种放养前应进行消毒。方法有：一是用3%～4%的食盐水浸洗鳝种3～5分钟；二是用20毫克/升高锰酸钾溶液药浴10～20分钟；三是用10毫克/升的亚甲基蓝水溶液浸泡10～15分钟。

(3) 饲料与投喂

黄鳝的饲料以动物性饲料为主，植物性饲料为辅。投喂要定时、定量，每次以15分钟吃完为度。

常用的饲料有：①活小杂鱼。直接投喂，投喂量为黄鳝体重的5%～6%，投喂前注意清洗干净，不需驯食。②鲜死鱼或冰冻鱼。绞成鱼浆进行投喂，投喂量为黄鳝体重的5%～6%。大规格的鱼，在投喂前要用沸水煮一下，杀灭其中的致病微生物。③投喂其他饲料。投喂蚯蚓、河蚌、动物的下脚料、麦麸、浮萍、配合饲料。

(4) 水质调控

始终保持水质“肥、活、嫩、爽”，透明度在35厘米左右，pH值为7.0～8.5。种虾入池时，水深掌握在0.6～0.8米，以后每隔10～15天注水一次，最高水深控制在1.8～2.0米。池塘换水至少15天一次，每次1/5～1/4。使虾池溶氧在4毫克/升以上；每隔15～20天泼洒一次生石灰，用量为5～10千克/亩，以改善水质，增加钙质，利于脱壳。

(5) 日常管理

坚持日、夜巡塘，观察小龙虾的摄食、生长、脱壳情况。经常检查箱体，防止箱体被淹或箱体入水过浅；及时修补漏洞；及时割去生长过旺的水草，防止黄鳝沿水草逃逸。经常检查进排水过滤网是否破损，防止小龙虾外逃或野杂鱼等进入。根据天气灵活喂食，晴朗天气正常投喂，雷雨闷热恶劣天气，减少或停止投饲。7～9月是一年中小龙虾容易缺氧的季节，晚上要增加巡塘次数，定时开启增氧机，一般在午夜1时至日出前开机增氧、阴雨天全天开，有时为使池底充气爆气，在晴天的下午2时左右开机一次，防止小龙虾浮头。一旦出现浮头要及时换注新水。

(6) 病害防治

虾鳝共作，病害发生概率低，养殖过程中以预防为主，治疗为辅。主要方法是：在鳝种投放前，要进行药浴。每隔20～30天全池泼洒聚维酮碘溶液一次，每亩水体水深1米用300～500毫升，以预防细菌性疾病。每隔10～15天伴食投喂蠕虫净，预防黄鳝体内寄生虫病。

11.3 收获与效益

在每年4月上旬开始用地笼进行捕捞，捕到6月上旬止，采用捕大留小的方法。8～9月捕第二期，采取捕小留大的方法，直到留足种虾为止，每亩可以收获小龙虾100千克。

投放规格尾重为50克左右的鳝种，养到10～11月，经过5个多月的饲养，其规格一般可达150～200克以上，这时可以捕捞上市。捕捞方法比较简单，对于池塘养殖，可以做到将蚯蚓等诱捕饵料放进用竹篾编织的黄鳝笼，傍晚放于网箱中，第二天清晨便可收笼取鳝。对于网箱养殖可直接收取网箱。

12 小龙虾饲料与营养

小龙虾的饲料，要按照《无公害食品　鱼用配合饲料安全限量》（NY 5072—2002）的要求，满足小龙虾的营养需要，确保质量安全。同时，还要提高饲料的利用率，并把饲料对环境的污染降到最低点。

12.1 饲料营养与营养平衡

饲料的能量、必需氨基酸、必需脂肪酸、碳水化合物、维生素和矿物质等营养的缺乏或不足均能影响饲料的营养平衡状况，影响饲料效率，从而影响小龙虾的生长，降低养殖效果。

（1）能量的需要与平衡

能量由营养物质提供，能量不足或过高都会影响小龙虾的生长。设计配方必须要考虑到饲料中能量与蛋白质的平衡。当饲料中的能量不足时，饲料中的蛋白质就会作为能量被消耗殆尽。而当饲料中能量过高时，就会降低小龙虾的摄食量，相应减少蛋白质或其他营养物质的摄入量，从而造成饲料浪费，同时影响小龙虾的生长。

(2) 蛋白质的需要与平衡

蛋白质是维持小龙虾生命活动所必需的营养物质，其含量的高低影响着饲料的成本。一般认为小龙虾幼苗阶段，饲料中蛋白质含量应为40%，成虾阶段为33%。值得注意的是，在饲料中添加适量的动物性蛋白，能进一步促进小龙虾的生长，降低饲料系数。小龙虾对蛋白质的需求实质上是对氨基酸的需求，尤其是对必需氨基酸的需求。当饲料蛋白中氨基酸的组成比例与小龙虾蛋白的氨基酸组成较为一致时，小龙虾就会获得最佳生长效果。

(3) 脂肪和必需脂肪酸的需要与平衡

饲料中的脂肪既是能量来源又是必需脂肪酸的来源，同时脂肪又能促进脂溶性维生素的吸收，因此在饲料配制中要突出其地位。一般脂肪含量为：成虾料3%，幼虾料5%；当含量过度增加到8%以上时，小龙虾生长率反而下降，并出现脂肪肝病。

(4) 碳水化合物的需要与平衡

碳水化合物是饲料中廉价的能源，如能充分合理地利用碳水化合物，则能大大降低饲料成本。应当指出的是，小龙虾对碳水化合物的利用远不如其他鱼类，饲料中过量的碳水化合物将会积累在肝脏中，导致小龙虾肝脏的损坏，形成脂肪肝。但是适当添加维生素，在饲料中含50%的碳水化合物，小龙虾的肝脏也是正常的，仍能维持正常生长。一般认为，小龙虾饲料中碳水合物的适宜含量为25%～30%。

(5) 维生素和矿物质的需要与平衡

维生素是维持小龙虾身体健康，促进小龙虾生长发育和调节生理机能所必需的一类营养元素，饲料中如长期缺乏维生素，将导致小龙虾代谢障碍，严重时将出现维生素缺乏症。

矿物质是维持小龙虾生命所必需的物质，包括常量元素和微量元素，由于小龙虾能够从水体中摄取部分矿物元素，使众多配方人员忽略了矿物质的重要性。近年来，小龙虾因无机盐缺乏导致生长缓慢，甚至出现无机盐缺乏症一再表明小龙虾饲料中仍然需要添加矿物质。

12.2 饲料评价与选择

小龙虾养殖要求饲料新鲜，营养丰富，大小适口，并在饲料台上投喂。投喂方式与鱼类相同，上、下午各投喂一次。天气晴，适宜水温 21～28℃，水质好，个体大，吃食旺，饲料可适当多投，否则应酌情减少。

小龙虾饲料种类很多，主要有以下几种。

(1) 配合饲料

配合饲料主要有粉状料、糖化发酵饲料、颗粒饲料、微囊颗粒浮性饲料等。投喂配合饲料是规模化养虾的最佳选择。其优点是饲料利用率高，对水体造成的污染小。近年来养殖试验也证明了配合饲料适合于小龙虾高密度集约化养殖。要求配合饲料的蛋白质含量较高，一般在 30％～40％，适口性好，小龙虾嘴小，要便于摄食。

(2) 动物性饲料

动物性饲料主要有浮游动物、动物活饵料和动物下脚料（如动物内脏）等；人工养殖时投喂的鲜活饵料包括蚯蚓、蚕蛹、蝇蛆、河蚌、螺蚬、黄粉虫、小杂鱼和白鲢肉糜，这些饲料适口性好，饲料中蛋白质含量较高，营养成分全面，饲料转化率高，小龙虾能很快形成摄食习惯，但数量有限，无法长期稳定供应，尤其是大规模养殖时，这一对供需矛盾更加突出。

蚯蚓是小龙虾最喜食的饲料，干体蛋白质含量达 61％，接近鱼粉和蚕蛹。这些饲料的共同点是蛋白质含量高，营养丰富，有利于小龙虾的生长发育。

(3) 植物性饲料

植物性饲料主要有谷类，如麦粉、玉米粉、米糠、豆渣等。投入一定量的富含纤维素的植物饲料，有利于促进小龙虾的肠道蠕动，提高摄食强度和饲料利用率。通常在配合饲料中添加一定量的麦粉（同时又是黏合剂）、玉米粉、麸、糠和豆渣等。

(4) 灯光诱虫

根据小龙虾的生活习性，昆虫及其幼虫也是很好的饵料。其蛋白质含量高，来源广，易得性好，采用光灯诱虫养殖小龙虾或作为小龙虾的补充饲料源，具有成本低，效果好的特点，可广泛采用。

灯光诱虫主要是指黑光灯诱虫。黑光灯是一种特制的气体放电灯，能发出3300～4000纳米的紫外光波，这是人类不敏感的光，所以把这种人类不敏感的紫外光制作的灯叫做黑光灯。黑光灯放射出的紫外线，可以吸引趋光性的农业害虫，所以广泛用于农业。

12.3　颗粒饲料生产

(1) 饲料配方

生产颗粒饲料的一项重要工作就是按无公害养殖要求，对所选原料的质量进行控制。质量控制的主要指标是有效营养成分和消化率。原料的选择应以最低的成本满足营养需求，鱼粉用在饵料中，其主要目的是为了平衡植物蛋白中的氨基酸。小麦的副产品、玉米和其他淀粉原料用于饵料中以提高颗粒牢度、水中稳定性和提供能量。小龙虾人工配合饲料常用配方。

配方1：豆饼30%、蚕蛹粉10%、菜籽饼5%、蚯蚓浆15%、熟大豆粉20%、淀粉15%、其他5%。

配方2：蚕蛹粉10%、啤酒酵母10%、豆饼32%、菜籽饼5%、羽毛粉12%、肉骨粉4%、黏合剂15%、蚯蚓浆10.6%、赖氨酸1.4%。

配方3：豆粕32%、鱼粉30%、淀粉20%、酵母粉4%、谷朊粉4%、豆粕4%、矿物质1%、添加剂1%、其他4%。

配方4：鱼粉31.5%、豆粕26.5%、麸皮6.6%、面粉5%、豆油3.9%、鱼油3.9%、糊精5%、纤维素9.6%、复合维生素2%、复合矿物质4%、黏合剂2%。

配方5：鱼粉35.3%、豆粕29.9%、麸皮3%、面粉5%、豆油0.7%、鱼油0.7%、糊精8%、纤维素9.4%、复合维生素2%、复合矿物质4%、黏合剂2%。

饲养人员也可根据当地易得原料按饲料中蛋白质含量约为28%～30%、脂肪含量约为3%～5%来进行配比即可。

(2) 膨化饲料加工

各种原料粉碎得越细越好，一般通过每英寸80目筛的超微粉碎来满足细度的要求。原料的颗粒越细，消化率、制粒牢度和水中稳定性越高。对饲料添加剂应先进行预混，做成4%～5%的混合物，然后再把它混入饵料中，以保持一定的均匀度。对矿物质预粉料可在原料粉碎前加入，而维生素预粉料则应在原料粉碎后进行搅拌混合时加入，这样做的目的是减少维生素在加工受热过程中的损失。在膨化的粉料中应多加入一些热敏性的维生素。先将约100℃的蒸汽或水加入粉料使之达到25%的水分，再使热粉料穿过膨化机圆桶在增温约140℃和6MPa的压力下，被送于压模装置，然后压力迅速下降，超热水分蒸发导致颗粒扩张（制粒），膨化后立刻在颗粒的表面喷油脂，以保证制粒表面的光滑。这时，颗粒饲料再一次被送往加热的通道蒸发，将其水分降至10%以下，最后被冷却至常温而成干化颗粒饲料。粒径要适合小龙虾的口径，一般为1～2毫米，这样才便于小龙虾摄食，否则，就会因饲料适口性差而造成浪费。

(3) 配合饲料质量鉴别

由于小龙虾配合饲料的品牌目前尚不多见，质量良莠不齐，而质量的好坏又直接影响到小龙虾的生长、病害防治、水质控制和饲养成本。所以如何选择小龙虾配合饲料就显得十分重要。下面介绍几种挑选饲料的方法。

① 从饲料的理化性状辨别。颗粒外观检验：颗粒应均匀、表面光滑、浮水性好、色泽均匀。如颗粒不均匀，会影响小龙虾摄食，浪费饲料，污染水质，降低成活率。如饲料颗粒切面不均匀或留有边角，会影响小龙虾摄食，严重者会损伤其肠道，引发疾病。

膨化程度：饲料膨化程度，可以从颗粒饲料外表孔隙来辨别。如果表面孔隙较多，表明饲料膨化过熟，饲料中营养流失较多，使得饲料中营养不均衡，影响生长并易暴发疾病。

颗粒气味：质量高的饲料主要使用进口优质鱼粉，鱼粉味道清香，不新鲜或质量差的饲料，鱼粉有臭鱼腥味。

蛋白成分：饲料的粗蛋白质分动物蛋白和植物蛋白，动物蛋白小龙虾消化吸收利用高，而植物蛋白则低，有些饲料虽然标示的粗蛋白含量高，但动物蛋白含量有可能偏低，这也影响饲料的质量。

② 从饲养的效果辨别。饲料优劣看饲料成本，饲料成本＝饵料系数×价格。价格高低对饲养成本有影响，但关键在饵料系数。

饵料系数是指在同等条件下，即同一生长期、同等密度、同等规格、同等喂养的情况下，使用不同的饲料，经过一个月的饲养，测定小龙虾体重增长数量，计算出不同的饲料系数，再根据其饲料系数和价格来认定饲料质量的优劣。

③ 看饲料的适口性。饲料适口性好，可减少浪费，增强食欲，缩短养殖周期。总体上看，优质配合饲料具有如下特点：采用优质鱼粉作主要原料，配方先进、氨基酸保持平衡、适口性好、生长速度快、饵料系数低，经济效益好。

（4）配合饲料安全要求

配合饲料所用的原料应符合原料标准的规定，不得使用受潮、发霉、生虫和腐败变质以及受到石油、农药、有害金属等污染的原料。其安全卫生指标应遵照《无公害食品　渔用配合饲料安全限量》（NY 5072—2002）的规定执行。

13 小龙虾捕捞运输与品质改良

13.1 小龙虾的捕捞

小龙虾生长速度较快，投放规格为 2～3 厘米的小龙虾，在饲料充足的情况下，经过 2～3 个月的饲养，成虾个体可达 30 克以上时，即可捕捞上市。前面已介绍了捕捞方法和规模化生产的技能。小龙虾在池塘中可用拉网捕捞，还可利用其喜在夜间昏暗时活动的习性，采用笼捕、敷网捕、张网捕、袋捕、药物驱捕等方法捕捞。在稻田中主要以笼捕为主。

(1) 地笼捕捞

捕小龙虾最为有效的方法就是在池塘或稻田中设置地笼。地笼是一种专门用来捕捞虾、蟹的工具。选用直径 4～6 毫米的钢筋，加工制成边长 400 毫米的正方形框架，每 500 毫米为 1 节，用钢绳连接起来，外面再用网目 2 厘米左右的聚乙烯网布包缠，两端制成长袋形的网兜，上端用乙烯网布做成宽10厘米的沿边，起导鱼作用，下端装有石沉子。地笼每节上设2个有须门的进口，每相连两节之间也设有一个须门进口，使鱼、虾等只能进不能出。地笼的长度为20～40节，总长10～20米不等。

利用淡水小龙虾贪食的习性，在捕捞前适当停食1～2天，捕捞时在地笼或虾笼中适当加入腥味重的鱼、鸡肠等，引诱小龙虾进入地笼。当地笼下好后，可适当进行微流水刺激，保持一定的水流，增加小龙虾活动量，促使其扩大活动范围，可起到提高捕捞量的效果。一般每亩水面放置1～2个地笼，地笼每4～5天换一个地方或方向。这种方法适宜捕大留小。地笼网是定置渔具，可以常年捕捞。将地笼置于稻田、池塘、湖泊等养殖水面中，每天早晨倒出网兜中的虾，取大放小。如地笼网兜中虾过多，可每10～12小时取一次，以防网兜中虾因密度过大窒息而死。每隔10～15天将地笼取出水面，在阳光下晾晒1～2天，防止青苔封闭网目。

(2) 须笼捕捞

须笼是一种专门用来捕捞小龙虾的工具，它与黄鳝笼很相似，是用竹篾编成的，长30厘米左右，直径约10厘米。一端为锥形的漏斗状，占全长的1/3，漏斗的口径为2～3厘米。

现在使用的须笼已经做了很大的革新。材料改为聚乙烯网片和铁丝，规模比鳝鱼笼大得多。在小龙虾入冬休眠以外的季节笼捕均可，但以水温在18～30℃时，捕捞效果较好。捕捞时，先在须笼中放上有引诱香味的鱼粉团，炒米糠、麦麸等做成的饵料团，或者是煮熟的鱼、肉等，将须笼放入池底，待1小时后，取出须笼收紧一次。提取须笼时，要先收紧袋口，以免小龙虾逃逸，而后解开袋子的尾部，将小龙虾倒入容器中。如果在作业前停食一天，作业时间安排在晚上，效果会更好。采用这种捕捞方法，每亩鱼池放置10～20只须笼，连捕三个晚上，起捕率可达60%～80%。另外，也可利用小龙虾的溯水习性，进行冲水捕捞。捕捞时，须笼内无需放诱饵，将须笼敷设在进水口处，须笼口顺水流方向，小龙虾溯水时就会顺利游入笼内而被捕获。一般1小时收获一次。捕捞完毕，取出小龙虾，重新布笼进行下一轮作业。

(3) 大拉网捕捞

春夏之交和中秋，小龙虾摄食旺盛，可用池塘拉网，或用较柔软的锦纶线专门编织起来的拉网扦捕池塘养殖小龙虾。作业时，先清除水中的障碍物，尤其是专门设置的食场木桩等，第一网起捕率可达60%。如果在下网前10分钟将鱼粉或炒米糠、麦麸等香味浓厚的饵料做成团状的硬性饵料放入食场作为诱饵，等小龙虾上食场摄食时下网快速扦捕小龙虾，起捕率更高。经过1～2网的捕捞，剩下的小龙虾只有20%～30%，再采用地笼捕捞，起捕率可达80%左右。

(4) 干塘捕捉

池塘排干水捕捉小龙虾，一般在小龙虾吃食量较少，而未钻泥过冬时的秋天进行。或者是用上述几种方法捕捞养殖小龙虾还有剩余时，则只好干塘捕捉小龙虾。方法是先将池水排干，然后根据池塘的大小，在池底开挖几条宽40厘米，深25～30厘米的排水沟，在排水沟附近挖坑，使池底泥面无水，沟、坑内积水，小龙虾会聚集到沟坑内，即可用抄网捕捞。若遇鱼池面积大或小龙虾钻到泥中难以捕尽时，则可再进水淹没池底过夜，至第二天清晨，再一次放浅池水，重复捕1～2次，可基本上捕尽池中的小龙虾。稻田排干水捕捉小龙虾，一般在深秋水稻成熟时，或收割之后进行。稻田内的水，可分两次缓慢排干。第一次排水让稻田表面露出，小龙虾则会游到鱼沟或鱼溜内栖息。第二次排水在第一次排水后1～2天进行，主要排放鱼沟、鱼溜中的水。当小龙虾集中在鱼溜、鱼沟时，用抄网将其捕起放入容器中，最后可徒手翻动淤泥捕尽稻田中最后剩余的小龙虾。

13.2 小龙虾的运输

（1）运输工具

运输的工具主要有塑料筐、泡沫箱和氧气袋等。

（2）运输前的准备

在运输成虾前，要准备好运虾的工具。选用工具应根据运输距离长短来确定。

（3）运输方式

① 干法运输。适于运输个体较大的幼虾和成虾，运输时可减少虾与虾之间的挤压、争斗，而且所占体积小，便于搬运，成活率可达95%以上。装运时，要在容器的底部铺垫一层较为湿润的水草，以防虾体被摩擦损伤，保持虾体的湿润。每个容器所装虾的数量不宜太多，以防虾被压死、闷死。一般幼虾以堆积3～4层为宜，成虾以堆积25～30厘米高为宜。如果篓或筐较深，可加板分层，板上要打眼，使之能漏水。运输途中，每隔3～4小时，用清洁水喷淋1次，以确保虾体具有一定的湿润性。夏季高温运输时，还要注意降温，一般在容器中放些冰块效果较好，每个0.5立方米塑料箱放置500～1000克冰块即可。

作为虾种投放到水体内养殖的幼虾，运输时间不能太长，最多4～5小时就要放入水中，运输过程中还要减少阳光的直射。成虾的运输时间最好不超过24小时，运输过程中车辆不能停顿。在运输的过程中，还要防止风吹、日晒、雨淋。

运输中，如发现小龙虾在水中不停乱窜，有时浮在水面，不断呼出小气泡，表明容器中的水质已变坏，应立即更换新水，每半小时换水 1 次，连续换水 2～3 次。换水时，最好选择与原虾池中水质相近的水，尽量不要选用泉水、污染的水、井水或温差较大的水。

如果运程超过 1 天，每隔 4～5 小时将小龙虾翻动 1 次，将长时间沉入容器底部的小龙虾翻回上层，防止其缺氧致死。为了确保运输成功，最好在运输 24 小时后，按 2000 单位/升水的比例在容器中加放青霉素，以防损伤感染。

② 带水运输。还可采用机帆船船舱装运，这种方法运量较大，可将虾与水按 1∶1 比例混合后运输，运输时也要勤换新水和翻动虾体。

③ 尼龙袋充氧法。本方法主要适用人工繁育的虾苗运输。所用尼龙袋为装运鱼苗的尼龙袋。

人工繁殖的幼虾培育到 2 厘米后，可直接装入氧气袋充氧运输，每袋可装 1 万尾。要在袋中放入水花生的枝叶让虾攀爬，以免虾堆积袋底导致死亡。

13.3 小龙虾品质改良

谈到水产动物的品质，一般是指营养成分、个体大小、食品味道和个体观感等。这里所讲的小龙虾品质主要是指它的体色、个体大小。

(1) 个体变小的原因

① 品种退化。小龙虾品种退化、个体偏小是目前养虾生产中共同存在的突出问题。在养殖过程中，养殖户不注重品种的选育、选优，均采取自繁自养的方式，捕大留小，将个体比较小的龙虾、体弱体差、有病态的虾留塘作亲虾，来繁殖仔虾用，导致

近亲繁殖较为严重，造成品种退化，养成个体小，这是主要原因之一。

② 环境恶化。由于水源污染，造成水体缺氧。此时，小龙虾会产生一种应激反应，导致小龙虾体色变红，较长时间不蜕壳，造成“少年老成”。另外，虾池中缺少适宜的水草隐蔽物，使虾不能顺利蜕壳。

③ 病害阻碍小龙虾蜕壳。小龙虾一生要经过多次蜕壳才能正常生长。在养殖生产中，由于纤毛虫、黑鳃、烂鳃等病害，使得小龙虾不能顺利蜕壳，错过蜕壳的最佳时机，就会导致小龙虾蜕壳次数减少，个体变小，降低了小龙虾的品质和经济效益。

(2) 提高品质的对策

① 用于繁殖的雌雄亲体，应采取异地或不同塘口交换选择的办法，避免近亲交配繁殖仔虾。

② 饵料要科学投喂，合理搭配，减少动物性饵料的投喂量，配合饲料蛋白质含量在28%左右为宜，坚持“四看”“四定”的投饵原则。

③ 移植水草、放植螺蛳。水草种植以苦草、轮叶黑藻、伊乐藻、水花生等为主，水草覆盖面不得超过虾池水面积的50%，同时还可适当投放一些活螺蛳。水草既是小龙虾的食物，又可以为其提供隐蔽安全宽阔的栖息活动场所。

④ 勤换水、添加新水，养殖生产中，坚持7～10天冲水或换水一次，保证水源水质清新、溶氧高、无污染。常换水或添水有利于小龙虾的蜕壳生长。同时每隔10 ～ 15天用EM菌、芽孢杆菌等生物制剂全池泼洒改水，用“底净宝”、沸石粉等泼洒进行改底。

⑤ 在受污染水域中养殖的小龙虾，体色乌黑、四肢和腹部长有异样的泥垢，做成食品后带有特殊的土腥味。对于这样的小

龙虾，可以将其移入水质较好的湖泊网箱或水泥池暂养 20～30 天，投喂人工饲料，可以在较短时间改变小龙虾的颜色，使其变为正常的深红色，确保食品的品质。

⑥ 积极做好病害防治，坚持“以防为主，防治结合”的原则，采取健康养殖的方式，减少病害的发生，促进小龙虾的蜕壳生长。多用中药预防疾病，慎用抗生素和磺胺类药物，减少食品中的药物残留。长期以来，预防和治疗水产动物疾病的传统方法都是通过大量使用抗生素、化学药品、农药类等来实现的。虽然它们对水产养殖动物的疾病有一定的疗效，但同时也会带来病原体对抗生素产生抗药性、药物在水产品的中残留以及农药对环境的影响等问题。而中药作为天然物质，可谓是绿色药物，具有低毒、高效、抗药性不显著、资源丰富、性能多样、价格便宜等特点，在民间用于防治水产养殖动物疾病有着悠久的历史。渔业生产实践也证明，中药作为饲料添加剂尤其适用于当前水产养殖业的集约化、规模化生产的需要，适用于鱼类的群体疾病防治。中药不但可以解决化学物质、药品引发的水产品药物残留和耐药性问题，对发展无公害水产养殖生产、生产绿色水产品更为重要。研究发现，中药对于化学药物、抗生素难以治疗的鱼类营养性疾病、代谢性病害和毒理性病害具有独特的功效。

14 小龙虾病害防治

小龙虾抗疾病、抗污染能力比鱼类强，尤其是在稻田环境中饲养，发病的概率较低，只要养殖者在日常的饲养过程中做好虾病害预防，可以大大减少虾病发生，并且减少养殖成本。虾病的发生是病原体、环境因素和人为因素三者相互作用的结果。虾病防治的关键是要坚持“无病先防、有病早治、以防为主、防治结合”的方针，只有从提高虾体质、改善和优化环境、切断病原体传播途径等方面着手，推广健康养殖模式和开展综合防治，才能达到虾病防重于治的目的。

14.1 疾病诊断

常见虾病的发病部位表现在体表、附肢和头胸甲内，目检能直接看到虾的病状和寄生虫情况。但为了诊断准确，还要深入现场观察。

(1) 现场调查

对于患病的小龙虾水体，进行水质理化指标检测，包括溶氧、氨氮、硫化氢、pH 值等。对养殖环境、虾苗来源、水源、发病历史与过程、死亡率、用药情况等进行现场调查与分析，归纳分析可能的致病原因，排除非病原生物致病因素。

(2) 体表检查

已患疾病的小龙虾，体质明显瘦弱，且体色变黑，活动缓慢，有时群集一团，有时乱窜不安，这可能是寄生虫的侵袭或水中含有危害物质所引起的。及时从虾池中捞出濒死病虾或刚死不久的虾，按顺序从头胸甲、腹部、尾部及螯足、步足、腹肢等仔细观察。从体表上很容易看到一些大型病原体。如是小型病原体，则需要借助显微镜进行镜检。

(3) 实验室诊断

对于肉眼或显微镜无法诊断的患病虾样本，可冰上保存送至专业性实验室进行实验室内的诊断，借助现代生物学研究设备与诊断技术进行小龙虾疾病的诊断。

14.2 发病原因与防治措施

(1) 发病原因

① 病原。其一是病毒。研究表明，淡水螯虾体内中存在多种病毒，部分病毒可以导致螯虾较大的死亡率。已见报道的从淡水螯虾体内发现的病毒有：脱氧核糖核酸类病毒、核糖核酸病毒等大类。部分种类的病毒在淡水螯虾体内广泛存在，例如，通常100%的淡水螯虾都可能携带有贵族螯虾杆状病毒。有些病毒可能对淡水螯虾具有致病性，如寄生于淡水螯虾肠道的核内杆状病毒就可能具有高致病性。在恶劣的养殖环境下，即使毒力比较低的病原生物也可能引起淡水螯虾的疾病发生，或者对其正常的生长带来障碍，如澳洲红螯螯虾杆状病毒就能导致生长迟缓的现象

发生。

对传播方式研究得比较深入的是澳洲红螯螯虾杆状病毒和螯虾盖蒂病毒样病毒。这两种病毒都是经口传播的，可以通过饲喂被病毒感染的组织或者吞食有病毒附着的粒状物质而完成感染过程。

目前已有野生和养殖环境条件下爆发流行大规模病毒病的报道。近年来，我国湖北、浙江等地相继出现淡水小龙虾的大量死亡，经诊断基本证实引起这些小龙虾死亡的病原体为对虾白斑综合症病毒。有人试验将病毒感染的对虾组织饲喂给淡水螯虾，发现可以经口将对虾白斑综合症病毒病传染给淡水螯虾，并导致淡水螯虾患病毒病死亡，死亡率高达 90%以上。小龙虾白斑综合征见彩图 3。

其二是细菌。细菌性疾病通常被认为是淡水螯虾的次要的或者是与养殖环境恶化有关的一类疾病，因为大多数细菌只有在池水养殖环境恶化的条件下，才能增强其致病性，从而导致淡水螯虾各种细菌性疾病的发生。

细菌性疾病主要有菌血症、细菌性肠道病、细菌性甲壳溃疡病、烂鳃病等。

其三是立克次体。已经报道的在淡水螯虾体内发现的类立克次体有两种类型：一种是在淡水螯虾体内全身分布的，最近被命名为螯虾立克次体，这已经被证明与澳洲红螯螯虾的大量死亡相关；另一种寄生在淡水螯虾肝胰腺上皮，目前只在一尾澳洲红螯螯虾标本中观察到，是否会导致淡水螯虾患病或者大量死亡，尚不明确。

其四是真菌。真菌是淡水螯虾经常报道的最重要的病原生物之一，“螯虾瘟疫”就是由这类病原生物引起的，某些种类的真菌还能够引起淡水螯虾发生另外一些疾病。

同细菌引发淡水螯虾发病相似，真菌引起淡水螯虾发病也与养殖环境水质恶化有关。可以通过采用改善养殖水体水质的措施，达到有效控制真菌致病蔓延的目的。

真菌所引起的疾病主要有螯虾瘟疫和甲壳溃疡病（褐斑病）。

其五是寄生虫。分为原生动物和后生动物。从淡水螯虾体内发现的原生动物病原主要包括微孢子虫病原、胶孢子虫病原、四膜虫病原和离口虫病原，他们通过寄生或外部感染的方式使淡水螯虾得病。寄生在淡水螯虾体内的这些原生动物能否使淡水螯虾得病取决于螯虾所处的环境，可以通过改善环境的措施如换水或者减少养殖水体中有机物负荷来达到有效控制原生动物病的目的。

寄生在淡水螯虾体内的后生动物包括复殖类（吸虫）、绦虫类（绦虫）、线虫类（蛔虫）和棘头虫类（新棘虫）等蠕虫。大多数寄生的后生动物对螯虾健康的影响并不大，但大量寄生时可能导致淡水螯虾器官功能紊乱。

② 养殖环境恶化。其一是水质恶化。养殖水体中各种藻类，因光照不足，泥土、污物等流入，引起藻类生长不旺盛，水体自净能力下降，部分藻类因长时间光照不足及泥土的絮凝作用而下沉死亡，在微生物作用下进行厌氧分解，产生氮、亚硝酸盐、硫化氢等有害物质，使水体中这些有害物质浓度上升，超过一定浓度，会使养殖的小龙虾发生慢性或急性中毒，正在蜕壳或刚完成蜕壳的小龙虾容易引起死亡。

如未能恰当地进行水质调节，导致水质恶化；平时没有进行正常的疾病预防，病后乱用药物；发病后未能做到准确诊断和必要的隔离；死虾未及时处理，未感染的虾由于摄食病虾尸体而被传染，这些都能导致疾病的发生或发展。

其二是重金属污染。淡水螯虾对环境中的重金属具有天然的富集功能。这些重金属通常从肝胰脏和鳃部进入体内，并且相当大量的重金属尤其是铁存在于淡水螯虾的肝胰脏中。在上皮组织内含物中也存在大量的铁，甚至可能严重影响肝胰脏的正常功能。养殖水体中高水平的铁是淡水螯虾体内铁的主要来源，肝胰脏内铁的大量富集可能对淡水螯虾的健康造成影响。

尽管淡水螯虾对重金属具有一定的耐受性，但是一旦养殖水体中的重金属含量超过了淡水螯虾的耐受限度，也会最终导致淡水螯虾中毒身亡。工业污水中的汞、铜、锌、铅等重金属元素含量超标是引起淡水螯虾重金属中毒的主要原因。

其三是化肥农药污染。稻田养虾因一次性使用化肥（碳酸氢铵、氯化钾等）过量时，能引起小龙虾中毒。中毒症状为虾起初不安，随后狂烈倒游或在水面上蹦跳，活动无力时随即静卧池底而死。

养虾稻田用药或用药稻田的水源进入虾池，药物浓度达到一定量时，都会导致虾急性中毒。症状为虾竭力上爬，吐泡沫或上岸静卧，或静卧在水生植物上，或在水中翻动立即死亡。

③ 其他因素。大多数发病水体存在着未及时进行捕捞，留存虾密度很高，水草少、淤泥多等情况。此外，养殖水体中的低溶氧或溶氧量过饱和可导致淡水螯虾缺氧（严重时窒息死亡）。概括起来有以下几点。

一是清塘消毒不当。放养前，虾池清整不彻底，腐殖质过多，使水质恶化；放养时，虾种体表没有进行严格消毒；放养后没有及时对虾体和水体进行消毒，这些都给病原体的繁殖感染创造了条件。引种时未进行消毒，可能把病原体带入虾池，在环境条件适宜时，病原体迅速繁殖，部分体弱的虾就容易患病。刚建的新虾池，未用清水浸泡一段时间就放水养虾，可能使小龙虾对水体不适而患病。

二是饲料投喂不当。小龙虾喜食新鲜饲料，如饵料不清洁或腐烂变质，或者盲目过量投饵，加之不定时排污，则会造成虾池残饵及粪便排泄物过多，引起水质恶化，给病原细菌创造繁衍条件，导致螯虾发病。此外，饵料中某种营养物质缺乏也可导致营养性障碍，甚至引起螯虾身体颜色变异，如淡水螯虾由于缺乏类胡萝卜素就可能出现机体苍白。

三是放养规格不当。若苗种虾规格不整齐，而且池塘本身放养密度过大、投饲不足，则会造成大小虾相互斗殴而致伤，为病原菌进入虾体打开“缺口”。

(2) 防治措施

① 生态预防。选择适宜的养殖地点建造养殖环境。养殖地点要求地势平缓，以黏性土质为佳。建造的池塘坡比为 1∶1.5，水深 1.0～1.8 米。水源要求无污染，pH 值为 6.5～8.5，水体总碱度不低于 50 毫克/升。为保证有足够的地方供亲虾掘洞，同时也要进排水方便，面积比较大的水域可在池中间构筑多道小池埂，所筑之埂，有一端不与主池埂相连接，使小池埂之间相通。这样，在养殖密度较高时，通过一个注水口即可使整个池水处于微循环状态，便于管理。

种植或移植水草。池塘种植水草的种类主要是轮叶黑藻、伊乐藻、苦草等水草，可以两种水草兼种，即轮叶黑藻和苦草或者伊乐藻和苦草。覆盖面积为 2/3。如果因小龙虾吃光水草或其他原因水草被破坏，应及时移植水花生、水葫芦等。

水质调节。注意水体水质的变化，勿使水质过肥，经常加注新水，保持水质肥、活、嫩、爽。

② 免疫预防。目前，关于水产甲壳动物的机体防御机制尚未完全明了，能准确把握甲壳动物健康状态的科学方法也尚待确立，这给确立水产甲壳动物的免疫防疫对策造成了一定的障碍。

近年来，面对世界各地水产养殖甲壳动物各种疾病的频发，人们逐渐意识到了解水产甲壳动物的各种疾病以及阐明对这些疾病的机体防御机能的重要性。

现有的资料表明，甲壳动物的机体防御系统与脊椎动物一样，主要包括细胞和体液因子。由于一部分体液因子是在细胞内产生并储藏在细胞内发挥作用的，所以将这两种免疫防御因子严格区分是很困难的。

③ 药物预防。药物预防是对生态预防和免疫预防的应急性补充预防措施，原则上对水产动物疾病的预防是不能依赖药物预防的。这是因为除了部分消毒剂外，采用任何药物预防水产动物的疾病，都有可能污染养殖水体或者导致水产动物致病生物产生耐药性。因此，采用药物预防水产动物疾病只是在不得已的情况下采取的措施。

采用消毒剂对养殖水体和工具，养殖动物的苗种、饲料和食场等进行消毒处理。目的就在于消灭各种有害微生物，为水产养殖动物营造出卫生而又安全的生活环境。

常用药物预防有如下三种方式。

外用药预防。泼洒聚维酮碘、季氨盐络合碘或单元二氧化氯，每 10 天泼洒一次，可交替使用，剂量参照商品说明书。

免疫促进剂预防。对于没有发病的小龙虾，饲料中添加免疫促进剂进行预防，如 β-葡聚糖、壳聚糖、多种维生素合剂等，可提高小龙虾的抗病力。

内服药物预防。每 15 天可以用中药（如板蓝根、大黄、鱼腥草混合剂，等比例分配药量）进行预防。中药需要煮水拌饲料投喂，使用剂量为每千克虾体重 0.6～0.8 克，连续投喂 4～5 天。如果事先已将中药粉碎混匀，在临用前用开水浸泡 20～30 分钟，然后连同药物粉末一起拌饲料投喂效果更佳。中药种类繁多，结构复杂，成分多样。研究表明，中药不但含有大量的生物碱、挥发油、苷类、有机酸、鞣质、多糖、多种免疫活性物质和一些未知的促生长活性物质，而且还含有一定量的蛋白质、氨基酸、糖类、矿物质、维生素、油脂、植物色素等营养物质。这些成分可以促进动物机体的新陈代谢和蛋白质、酶的合成，从而加速水产动物的生长发育，提高免疫力，增强体质，降低疾病发生率和死亡率。

大黄：抗菌作用强，抗菌谱广，有收敛、增加备小板、促进血液凝固及抗肿瘤作用。用于防治草鱼出血病、细菌性烂鳃病、白头白嘴病和抗肿瘤病等。

五倍子：有收敛作用，能使皮肤黏膜、溃疡等局部的蛋白质凝固，能加速血液凝固而达到止血作用，能沉淀生物碱，对生物碱中毒有解毒作用。抗菌谱广，作为水产动物细菌性疾病的外用药。

辣蓼：抗菌谱广，用于防治细菌性肠炎病。

穿心莲：有解毒、消肿止痛、抑菌止泻及促进白细胞吞噬细菌功能。药用全草，防治细菌性肠炎病。

地锦草：有很强的抑菌作用，抗菌谱广，并有止血和中和毒素的作用。药用全草，用于防治细菌性肠炎病和细菌性烂鳃病。

大蒜：有止痢、杀菌、驱虫作用。用于防治细菌性肠炎病。

楝树：含川楝素，有杀虫作用，药用根、茎叶，用于防治车轮虫病、隐鞭虫病等。

铁苋菜：全草含铁菜碱，有止血、抗菌、止痢、解毒等功效，药用全草，防治细菌性肠炎病等。

14.3 主要疾病诊断与防治

(1) 病毒性疾病

① 病因。由病毒引起。

② 症状。患病初期病虾螯足无力、行动迟缓、伏于水草表面或池塘四周浅水处；解剖后可见少量虾有黑鳃现象、普遍表现肠道内无食物、肝胰脏肿大、偶尔见有出血症状（少数头胸甲外下缘有白色斑块），病虾头胸甲内有淡黄色积水。

③ 发病特点。发病时间为每年的4～5月。主要流行于长江流域，多发于养殖密度较大的水体。该病害的发生与养殖水体环境和养殖水温的提高与日照的增长有密切关系。

④ 预防措施。放养健康、优质的种苗。种苗是小龙虾养殖的物质基础，是发展健康养殖的关键环节，选择健康、优质的种苗可以从源头上切断病毒的传播链。

控制合理的放养密度。放养密度过大，虾体互相刺伤，病原更易入侵虾体；此外大量的排泄物、残饵和虾壳、浮游生物的尸体等不能及时分解和转化，会产生非离子氨、硫化氢等有毒物质，使溶解氧不足，虾体体质下降，抵抗病害能力减弱。

改善栖息环境，加强水质管理。移植水生植物，定期清除池底过厚淤泥，勤换水，使水体中的物质始终处于良性循环状态。此外，还可以定期泼洒生石灰或使用微生物制剂如光合细菌、EM菌等，调节池塘水生态环境。在病害易发期间，用0.2%维生素C、1%的大蒜、2%强力病毒康，加水溶解后用喷雾器喷在饲料上投喂；如发现有虾发病，应及时将病虾隔离，控制病害进一步扩散。

⑤ 治疗方法

方法一：用聚维酮碘全池泼洒，使水体中的药物浓度达到0.3～0.5毫克/升。

方法二：用季铵盐络合碘全池泼洒，使水体中的药物浓度达到0.3～0.5毫克/升。

方法三：采用单元二氧化氯100克溶解在15千克水中后，

均匀泼洒在一亩（按平均水深1米计算）水体中。

方法四：聚维酮碘和单元二氧化氯可以交替使用，每种药物可连续使用2次，每次用药间隔2天。

(2) 黑鳃病（见彩图4）

① 病因。水质污染严重，虾鳃受真菌感染所致。此外，饲料中缺乏维生素C也会引起黑鳃病。

② 症状。鳃逐步变为褐色或淡褐色，直至全变黑，鳃萎缩；患病的幼虾趋光性变弱，活动无力，多数在池底缓慢爬行，腹部卷曲，体色变白，不摄食。患病的成虾常浮出水面或依附水草露出水外，行动缓慢呆滞，不进洞穴，最后因呼吸困难而死亡。

③ 治疗方法

方法一：用亚甲基蓝10克/立方米溶水全池泼洒。

方法二：用1毫克/升漂白粉全池泼洒，每天1次，连用2～3次。

方法三：每1千克饲料拌1克土霉素投喂，每天1次，连喂3天。

方法四：用0.1毫克/升强氯精全池泼洒1次。

方法五：用0.3毫克/升二氧化氯全池泼洒。

方法六：用3%～5%的食盐水浸洗病虾2～3次，每次3～5分钟。

(3) 烂鳃病（见彩图5）

① 病因。由丝状细菌引起。

② 症状。细菌附生在病虾鳃上并大量繁殖，阻塞鳃部的血液流通，妨碍呼吸。严重时鳃丝发黑、霉烂，引起病虾死亡。

③ 治疗方法

方法一：经常清除虾池中的残饵、污物，避免水质污染，保持良好的水体环境。

方法二：漂白粉全池泼洒，使池水浓度达到每立方米水体2～3克，治疗效果较好。

方法三：虾病用高锰酸钾药浴4小时，药浴水体浓度为每升水3～5毫克。池中病虾较多时用高锰酸钾全池泼洒，使池水浓度达到每立方米水体0.5～0.7克，6小时后换水2/3。

方法四：用茶籽饼全池泼洒，使池水浓度达到每立方米水体12～15克，促使小龙虾脱壳后换水2/3。

(4) 烂尾病

① 病因。小龙虾受伤、相互残杀或被几丁质分解细菌感染所致。

② 症状。感染初期小龙虾尾部有水疱，边缘溃烂、坏死或残缺不全，随着病情的恶化，溃烂逐步由边缘向中间发展，感染严重时，整个尾部溃烂脱落。

③ 治疗方法

方法一：用15～20毫克/升茶饼浸液全池泼洒。

方法二：每亩用生石灰6～8千克化水后全池泼洒。

方法三：用强氯精等消毒剂化水全池泼洒，病情严重的，连续泼洒4次，每次间隔1天。

(5) 烂壳病

① 病因。由甲壳素质分解，假单胞菌、气单胞菌、黏细菌、弧菌或黄杆菌感染所致。

② 症状。感染初期小龙虾虾壳上有明显溃烂斑点，斑点呈灰白色，严重溃烂时呈黑色，斑点下陷，出现较大或较多的空洞，导致内部感染，甚至死亡。

③ 治疗方法

方法一：先用25毫克/升生石灰水全池泼洒1次，3天后再用20毫克/升生石灰水全池泼洒1次。

方法二：用15～20毫克/升茶饼浸泡后全池泼洒。

方法三：每千克饵料用3克磺胺间甲氧嘧啶拌饵，每天2次，连用7天后停药3天，再投喂3天。

方法四：每立方米水体用2～3克漂白粉全池泼洒。

方法五：用2毫克/升福尔马林溶液浸洗病虾20～30分钟。

(6) 虾瘟病

① 病因。由真菌引起。

② 病症。小龙虾的体表有黄色或褐色的斑点，且在附肢和眼柄的基部可发现真菌的丝状体，病原侵入虾体内部后，攻击其中枢神经系统，并迅速损害运动神经。病虾表现为呆滞、活动性减弱或活动不正常，容易造成病虾大量死亡。

③ 治疗方法

方法一：用0.1毫克/升强氯精全池泼洒。

方法二：用1毫克/升漂白粉全池泼洒，每天1次，连用2～3天。

方法三：用10毫克/升亚甲基蓝全池泼洒。

方法四：每千克饲料拌1克土霉素投喂，连喂3天。

(7) 褐斑病

① 病因。又称为黑斑病。由于虾池池底水质变坏，弧菌和单胞菌大量滋长，虾体被感染所引起。

② 症状。小龙虾体表、附肢、触角、尾扇等处，出现黑、褐色点状或斑块状溃疡，严重时病灶增大、腐烂，菌体可穿透甲壳进入软组织，使病灶部分粘连，阻碍脱壳生长，虾体力减弱，或卧于池边，不久便陆续死亡。

③ 治疗方法

方法一：连续2天泼洒超碘季铵盐（强可101）0.2克/立方米。同时每千克饲料中添加氟苯尼考（10%）0.5克，连续内服

5天。

方法二：虾发病后，用1克/立方米的聚维酮碘全池泼洒治疗。隔2天再重复用药1次。

(8) 纤毛虫病（见彩图6）

① 病因。主要是由钟形虫、斜管虫和累枝虫等寄生所引起的。

② 症状。纤毛虫附着在虾和受精卵体表、附肢、鳃等器官上。病虾体表有许多棕色或黄绿色绒毛，对外界刺激无敏感反应，活动无力，虾体消瘦，头胸甲发黑，虾体表多黏液，全身都沾满了泥脏物，并拖着条状物，俗称“拖泥病”。如水温和其他条件适宜时，病原体会迅速繁殖，2～3天即大量出现，布满虾全身，严重影响小龙虾的呼吸，往往会引起大批死亡。

③ 治疗方法

方法一：用四烷基季铵盐络合碘（季铵盐含量为50%）全池泼洒，浓度0.3毫克/升。

方法二：用硫酸铜、硫酸亚铁（5∶2）0.7毫克/升全池泼洒。

方法三：用螯合铜除藻剂0.5毫克/升，2～4小时药浴，有一定效果。

方法四：用20～30毫克/升生石灰水全池泼洒，连用3次，使池水透明度提高到40厘米以上。

方法五：全池泼洒纤虫净1.2克/立方米，过5天后再用一次，然后全池泼洒工业硫酸锌3～4克/立方米，过5天后再泼洒一次；以上两种药用过后再全池泼洒0.2～0.3克/立方米二溴海因1次；若纤毛虫很多，用1.2克/立方米的络合铜泼洒一次。

(9) 软壳病

① 病因。小龙虾体内缺钙。另外，光照不足、pH值长期偏

低，池底淤泥过厚、虾苗密度过大、长期投喂单一饲料；蜕壳后钙、磷转化困难，致使虾体不能利用钙、磷所致。

② 症状。虾壳变软且薄，体色不红或灰暗，活动力差，觅食不旺盛，生长速度变缓，身体各部位协调能力差。

③ 治疗方法

方法一：每月用20毫克/升生石灰水全池泼洒。

方法二：用鱼骨粉拌新鲜豆渣或其他饲料投喂，每天1次，连用7～10天。

方法三：每隔半个月全池泼洒消水素（枯草杆菌）0.25克/立方米。

方法四：饲料内添加3%～5%的蜕壳素，连续投喂5～7天。

(10) 蜕壳不遂

① 病因。生长的水体中缺乏钙等元素。

② 症状。小龙虾在其头胸部与腹部交界处出现裂缝，全身发黑。

③ 治疗方法

方法一：饲料中拌入1%～2%蜕壳素。

方法二：饲料中拌入骨粉、蛋壳粉等增加饲料中钙质。

15 技术拓展——莲藕田、茭白田养殖小龙虾

15.1 莲藕田养殖小龙虾

在自然状态下，小龙虾和莲藕是一对矛盾体，在莲藕出苫时，小龙虾往往会夹苫，给莲藕生长带来较大影响。以前，农民种莲藕之前会用溴氢菊酯灭掉小龙虾，来保护莲藕生长。为了解决虾与莲藕的矛盾，达到虾莲藕双赢的目的，各地开展了大量的实践，现已成功地探索出了虾莲（藕）共作高效模式。虾莲（藕）共作高效模式不仅效益好，亩平均产值6000元左右，分别比单纯种莲、藕或养虾增收80%、75%，还凸显了生态效益，莲藕田为小龙虾提供了丰富的食源、附着物和荫蔽的环境，小龙虾吃掉了杂草和藕蛆，莲藕长势更好。实践证明，莲（藕）与虾共作既可以提高农田复种指数，又可以增加农民收入，还可以为水产加工企业（藕、藕带、小龙虾加工）提供加工原料，是一个

一举多赢的种养好模式。栽种莲藕的水体大体上可分为莲藕池和莲藕田两种类型。莲藕池多是农村塘坑，水深多为0.5～1.8米，栽培期为4～10月。莲藕叶遮盖整个水面的时间为7～9月。莲藕田多是低洼田，水浅，一般为10～30厘米，栽培期为4～9月。莲藕池（田）资源丰富，但进行养虾的很少，使莲藕池（田）中的天然饵料生物得不到充分利用，难以提高单位面积的综合经济效益。

莲（藕）与虾共作有两种，即莲虾共作和藕虾共作。这两种模式在种养殖环境条件和管理要求上基本相同。

(1) 莲藕田准备

① 莲藕池工程建设。选择通风向阳、光照好、池底平坦、水深适宜、保水性好、水源充足、符合国家《渔业水质标准(GB 11607—89)》，进排水设施齐全，面积5～50亩新旧藕池均可用来养殖小龙虾。

首先对一般藕池做基本改造，可按“田”字或“十”字形挖虾沟，沟宽4～5米、深1～1.5米、距池埂2米左右。挖虾沟既可以增加虾的活动场所，又可以增加晒水面积，提高水温。如果不建虾沟，藕池水环境会长期处在16～18℃，小龙虾摄食少，难以生长。莲藕池饲养小龙虾的成败就在于此，这是实践经验的总结。

加高加宽加固池埂，池埂要高出池蓄水平面0.5～1.0米，埂面宽3～4米。旨在高温季节、藕池浅灌、追肥、施药等情况下，一方面给小龙虾提供安全栖息的场所，另一方面还可在莲藕抽苫时，控制水位，防止小龙虾进入莲藕田危害莲藕；防止小龙虾掘洞时将田埂打穿，引发田埂崩塌；防止汛期大雨后发生漫田逃虾。田埂四周用塑料薄膜或水泥瓦建防逃墙，防止小龙虾攀爬外逃。在莲藕池两端对角设置进排水口，进水口须高出池水平面

20厘米以上，出水口比虾沟略低即可。进出水口须安装过滤网罩，以防止逃虾和敌害生物进池。

② 消毒施肥。莲藕田消毒施肥是在放养龙虾种苗前10～15天，每亩莲藕田用生石灰溶液100～150千克，兑水全田泼洒，或选用其他药物对莲藕田、沟进行彻底清池消毒，施肥应以基肥为主，每亩施有机肥1500～2000千克，要施入莲藕田耕作层内，一次施足，减少日后施肥追肥的数量和次数。

(2) 莲藕的种植

① 栽培季节。莲藕要求温暖湿润的环境，主要在炎热多雨的季节生长。当气温稳定在15℃以上时就可栽培，长江流域在3月下旬至4月下旬，珠江流域及北方地区要分别比长江流域提早或推迟一个月左右，有的地方在气温达12℃以上即开始栽培。总之，栽培时间宜早不宜迟，这样使其尽早适应新环境，延长生长期。栽培时间不能太早或太晚，太早，地温较低，种藕易烂，若是栽培幼苗，也易冻伤；太晚，藕芽较长，易受伤，对新环境适应能力差，生长期也短。故适时栽培是提高藕产量的重要一环。

② 莲种选择。选择莲品种。宜选择江西省的太空莲36号和福建省的建选17号。这两个品种花蕾多、花期长、产量高、籽粒大，深受农民欢迎。

适时定植。定植时间一般在3月下旬至4月下旬。种植前水位控制在50厘米以下，以10厘米水深为宜，每亩选种藕200支，周边距围沟1米，行株距以4米×3.5米为宜，边厢每穴栽3支，中间每穴4支，每亩栽50穴左右。栽时藕头呈15°角斜插入泥中10厘米，末梢露出泥面，边厢的藕头朝向田内。

③ 藕种选择。应选择少花无蓬的莲藕品种，如产于江苏苏

州的慢藕，产于江苏宜兴的湖藕，由武汉市蔬菜科学研究所选育的鄂莲二号和鄂莲四号等都是品质好的莲藕。

莲藕的种子虽有繁殖能力，但易引起种性变异，因此，生产上无论是藕莲还是子莲，均不采用莲子作种子，而是用种藕进行无性繁殖。种藕的田块深耕耙平后，放进5厘米左右的浅水后栽植。排种时，按照藕种的形状用手扒开淤泥，然后放种，放种后立即盖回淤泥。通常斜植，藕头入土深10～12厘米，后把节梢翘在水面上，种藕与地面倾斜约20°，这样可以利用光照提高土温，促进萌芽。

种藕的季节一般在清明节前后，要在种藕顶芽萌发前栽种完毕。等藕种成活后即是放养虾种的最好季节。

(3) 虾种放养

① 环境营造。莲藕田养殖小龙虾，首先要人工营造适合小龙虾生长的环境，在虾沟内移植伊乐藻、轮叶黑藻、苦草、空心菜、菹草等沉水植物，为小龙虾苗种提供栖息、嬉戏、隐蔽的场所。

② 投放亲虾模式。莲藕种植入后，可根据实际情况选择养虾模式。

在8～9月，从良种选育池塘或天然水域捕捞亲虾，按雌雄比例3∶1或5∶2投放，每亩投放成熟亲虾25千克。

③ 投放幼虾模式。4月下旬至5月，莲藕已成活并长出第一片嫩叶，水温也上升至18℃以上。从虾稻连作或天然水域捕捞幼虾投放，要现捕现放，幼虾离水时间不要超过2小时。幼虾规格为2～4厘米，投放数量为2500～8000尾/亩。在放养时，要注意幼虾的质量，同一田块放养规格要尽可能整齐，放养时一次放足。

幼虾质量要求色泽光亮、活蹦乱跳、附肢齐全、就近捕捞、离水时间短、无病无伤。

(4) 莲藕池管理

① 饵料投喂。对于莲藕田饲养淡水小龙虾，投喂饲料同样要遵循“四定”的投饲原则。投饲量依据莲藕田中天然饵料的多少和淡水小龙虾的放养密度而定。投喂饲料要采取定点的办法。即在水较浅、靠近虾沟虾坑的区域拔掉一部分藕叶，使其形成明水区，投饲在此区内进行。在投喂饲料的整个季节，遵守“开头少，中间多，后期少”的原则。

成虾养殖可直接投喂搅碎的米糠、豆饼、麸皮、杂鱼、螺蚌肉、蚕蛹、蚯蚓、屠宰场的下脚料或配合饲料等，保持饲料蛋白质含量在25%左右，6～9月水温适宜，是淡水小龙虾的生长旺期，一般每天投喂1～2次，时间在9～10时和日落前后或夜间，日投饲量为小龙虾体重的5%～8%；其余季节每天可投喂一次，于日落前后进行，或根据摄食情况于第二天上午补喂一次，日投饲量为小龙虾体重的1%～3%。饲料应投在池塘四周的浅水处，在淡水小龙虾集中的地方可适当多投，以利于其摄食和饲养者检查吃食情况。

② 饲养管理。实时调节相应水位。栽后至封行期间应缓慢加深水位，水深从5厘米逐渐加深到10厘米。一方面有利于土温上升快，发苗快，另一方面，由于水浅，小龙虾只在深沟里活动，不上莲藕田的浅水区，避免小龙虾夹断荷苫。夏至后灌深水20～30厘米，让虾上莲藕田活动采食。每天观察莲田情况，如夹断荷梗比较多则适当降低水位，荷梗变粗变老后，小龙虾不再去夹，应上深水。

全年水位管理按照“浅—深—浅—深”的原则进行。即9～11月浅水位（20～30厘米），12月到第二年2月深水位（40～60厘米），3～5月浅水位（5～10厘米），6～8月深水位（40～80厘米）。具体水深根据莲藕田条件和不同季节的水深要求灵活掌握。

在莲藕田灌深水及莲藕的生长旺季，因莲藕田补施追肥及水面被藕叶覆盖，水体由于光照不足及水质过肥，常呈灰白色，水体缺氧，在后半夜尤为严重。此时小龙虾常会借助莲藕茎攀到水面，将身体侧卧，利用身体侧的鳃直接进行空气呼吸，以维持生存。在饲养过程中，要采取定期加水和排出部分老水的方法，调控水质，保持田水溶氧量在 4 毫克/升以上，pH 值为 7～8.5，透明度 35 厘米左右。每 15～20 天换一次水，每次换水量为池塘原水量的 1/3 左右；每 20 天泼洒一次生石灰水，每次每亩用生石灰 10 千克，在改善池水质的同时，增加池水中离子钙的含量，促进小龙虾蜕壳生长。

适时追肥。莲藕立叶抽生后追施窝肥，每亩追施优质三元复合肥和尿素各 10 千克。快封行时，再满田追施一次肥料，每亩追施优质三元复合肥和尿素各 15 千克。莲盛花期还要再追施一次肥料，每亩追施优质三元复合肥和尿素各 20 千克，确保莲蓬大，籽粒饱满。追肥时，如果肥料落于叶片上，应及时用水清洗。

饲料投喂。由于莲藕田水草茂盛，各种底栖动物、有机碎屑等丰富，一般不需投喂人工饲料。可在虾沟内投一些水草，在小龙虾的生长旺季可适当的投喂一些动物性饲料如锤碎的螺、蚌及屠宰厂的下脚料等。每天早、晚坚持巡田，观察沟内水色变化和虾活动、吃食、生长情况。

病虫防治。莲藕田病害主要有褐斑病、腐败病、叶枯病等。要选用无病种藕，栽植前用绿亨一号 2000 倍或者 50%多菌灵 800 倍水溶液浸种藕 24 小时。发病初期选用上述药剂喷雾防治。虫害主要有斜纹夜蛾、蚜虫、藕蛆。对斜纹夜蛾，需人工采摘三龄前幼虫群集的荷叶，踩入泥中杀灭。对蚜虫可在田间插黄板诱杀。藕蛆作为小龙虾的食源，无需防治。

③ 藕带采摘。莲虾共作模式中，藕带是主要的经济收入之一，藕虾共作模式一般不采摘藕带。藕带是莲的根状茎，横生于泥中，并不断分枝蔓延。新鲜的藕带有较好的脆性，风味佳，营养丰富，是人们餐桌上的美味佳肴。采摘藕带是增加种莲收入的重要途径，每亩可采藕带 30 千克。新莲田一般不采藕带，2～3 年的座蔸莲田要采摘，3 年以上重新更换良种。藕带采摘期主要集中在每年的 4～6 月。4 月上中旬开始采收，5 月可大量采收。采收的方法是找准对象藕苫，右手顺着藕苫往下伸，直摸到苫节为止，认准藕苫节生长的前方，用食指和中指将苫前藕带扯出水面，再用拇指和食指将藕苫节边的带折断洗净。采后运输销售时放于水中养护，防氧化变老。

④ 莲子采收。莲虾共作模式中，莲是又一主要的经济收入，在藕虾共作模式中，莲是副产品。鲜食莲子在早晨采收上市。准备加工捕心的白莲采收八成熟莲子，除去莲壳和种皮、捅除莲心，洗净沥干再烘干。采收壳莲的，待老熟莲子与莲蓬间出现孔隙时及时采收，以免遗落田间。

⑤ 藕的采挖。在藕虾共作模式中，藕是主要的经济作物，小龙虾是辅助收益。

选择采挖时间。10 月上中旬当地上部分已基本枯萎时开始采收，越冬时只要保持一定水层，可一直采收到第二年 2 月下旬。

做好采挖前的准备工作。采挖前先将池水排浅或排干，挖藕结束，清整好泥土，再灌水入池，进入下一生产周期。

掌握采挖方法。采收藕有两种方法，一是全田挖完。二是抽行挖藕，即抽行挖去四分之三面积，留四分之一不挖，作为来年藕种。

(5) 收获与效益

8月投放的亲虾，到第二年5月上旬，就有一部分小龙虾能够达到商品规格，可以开始捕捞了。将达到商品规格的小龙虾上市，未达到规格的继续留在莲田内饲养，能够降低田中小龙虾的密度，促进小规格的虾快速生长。

在莲藕田捕捞小龙虾的方法很多，可采用虾笼、地笼网等工具进行捕捞，最后可采取干田捕捞的方法。没捕捞完的虾可作为亲虾继续下年的养殖。

15.2 茭白田养殖小龙虾

水生经济作物田块和沟渠等环境养殖小龙虾，其原理和稻田及池塘养殖基本相似，选址和建设一般按池塘养殖模式进行。

茭白又叫茭笋、篙芭，古称菰。原产我国，在长江流域各地，尤其江南一带多利用浅水沟、低洼地种植。茭白肉质洁白、柔嫩，含有大量氨基酸，味鲜美，营养丰富，可煮食或炒食，是我国特有的优良水生蔬菜。池上长茭白，池底养小龙虾是当今正在广泛推广的一种立体种养模式。

(1) 茭白池的改造

选择水源充足、无污染、排污方便、保水力强、耕层深厚肥沃、面积在1亩以上的池塘，均可用于种植茭白作物和养殖小龙虾。

改造工程包括以下三方面：其一，开挖虾沟，沿埂内四周开挖宽2～4米、深1～1.5米的环形沟，池塘较大的中间还要适当开挖中间沟，中间沟宽0.5～1米，深0.5米，总面积占池塘面积的6%～8%，增加晒水面积，便于水温的提升；其二，安装防逃设施，放养小龙虾前，要在池塘进排水口安装网拦设施，可用宽60厘米的聚乙烯网片，沿渠边利用树木做桩把水渠围起来，然后用加厚的塑料薄膜缝在网片上，将网片埋入地下20厘米即可，防止小龙虾逃跑和老鼠、蛇等敌害生物入侵；其三，施基肥，每年2～3月种茭白前施底肥，可用腐熟的猪粪、牛粪和绿肥，用量为1500千克/亩，还要另加钙镁磷肥20千克/亩和复合肥30千克/亩。翻入土层内，耙平耙细，泥肥均匀混合，即可移栽茭白苗木。

(2) 茭白苗木移栽

在9月中旬至10月初，茭白采收时选种苗，选取植株健壮、高度中等、茎秆扁平、纯度高的优质茭株作为移栽株并及时移植。待茭株成活后，在第二年3月下旬至4月中旬再将茭墩挖起，用刀具顺分蘖处将其劈开成数小墩，每墩带匍匐茎和健壮分蘖芽4～6个，剪去叶片，保留叶鞘长16～26厘米，减少水分蒸发。做到随挖、随分、随栽，使其提早成活率。株行距按栽植时期，以墩苗数和采收次数而定，双季茭采用大小行种植，大行距1米，小行距80厘米，穴距50厘米，每亩1000穴左右，每穴6～7棵苗，栽植深度以根茎和分蘖基部入泥土、分蘖苗芽稍露水面为宜。

(3) 虾种投放

在虾种下池前，也就是在茭白苗移栽前10天左右，要对虾沟进行清理消毒。待虾沟毒性消失后，再行放苗。每亩可放养2～3厘米的小龙虾幼虾0.5万～1.0万尾。先期应将幼虾投放在浅水及水葫芦浮植区，水生植物供其攀援附着，能显著提高幼虾的成活率。也可投放种虾，每亩投放性成熟的亲虾25千克，在茭白池中自繁自养。

(4) 饲养管理

以茭白的栽培遵循“浅—深—浅”规律，即浅水栽植、深水活棵、浅水分蘖。在茭白萌芽前灌水30厘米，栽后保持水深50～80厘米，分蘖前宜浅水80厘米，可促进其分蘖和发根。至分蘖后期，水加深至100厘米，可以控制无效分蘖。7～8月高温期宜保持水深120～150厘米。

小龙虾的饲料要坚持因地制宜，就近取材。根据季节变化粗、精料配合使用。如菜饼、豆渣、麦麸皮、米糠、蚯蚓、蝇蛆、鱼用颗粒料和其他水生动植物都可作为小龙虾的优质饲料源。自制混合饲料成本低效果好。投喂的动物性饲料包括螺蚌肉、鱼糜、蚯蚓或捞取的枝角类、桡足类，以及动物屠宰企业的下脚料等，投喂方法是沿虾池边四周浅水区定点多点投喂。投喂量一般为虾体重的5%～12%，采取“四定”投喂法，每天傍晚6～7时投喂一次即可。

通过人工施有机肥来保持池底肥力。基肥常用人畜粪、绿肥。追肥多用化肥，宜少量多次，可选用尿素、复合肥、钾肥等，有机肥应占总肥量的70%。禁用碳酸氢铵，其入水后易水解出NH_4^+，并分解出NH_3，小龙虾对该物质十分敏感，容易引起氨中毒。

做好疾病预防工作，科学诊断，对症用药。选用高效低毒、无残留、没有副作用的农药。施药后应及时换注新水，严禁在中午高温时用药，避免造成生产事故。

(5) 收获与效益

按采收季节茭白可分为一熟茭和两熟茭。一熟茭，又称单季茭，为严格的短日性植物。在秋季日照变短后才能孕茭，每年只在秋季采收一次。一熟茭对水肥条件要求不高。主要品种有广州的大苗茭、软尾茭、象牙茭、寒头茭等。二熟茭，又称双季茭，对日照长短无特殊要求，除炎热的盛夏不能孕茭外，初夏和秋季都能孕茭。栽植当年秋季采收一次，称秋茭。第二年初夏再采收一次，称夏茭。二熟茭对肥水条件要求较高。主要品种有杭州梭子茭，苏州小腊茭、两头早，无锡中介茭等。采收茭白后，应该用手把墩内的烂泥培上植株茎部，以备再生。茭白枯叶腐烂后是小龙虾的饲料。一般亩产茭白 750～1000 千克。小龙虾收获可以用地笼捕捞收获。分期捕捞后，需及时补足虾种，通过轮捕轮放方式，一般亩产小龙虾 200 千克以上，小龙虾单项收益在 6000 元以上。

参 考 文 献

[1] 曹克驹. 名特水产动物养殖学. 北京：中国农业出版社，2004.
[2] 刘焕亮，黄樟翰. 中国水产养殖学. 北京：科学业出版，2008.
[3] 舒新亚. 淡水小龙虾健康养殖技术. 北京：化学工业出版社，2008.
[4] 邹叶茂，张崇秀. 2009 无公害水产养殖. 北京：中国社会出版社，2009.
[5] 邹叶茂. 名特水产动物养殖技术. 北京：中国农业出版社，2013.
[6] 陶忠虎，邹叶茂等. 高效养小龙虾. 北京：机械工业出版社，2014.
[7] 赵春光，田文瑞. 龟鳖饲料合理配制与科学投喂. 北京：金盾出版社，2011.
[8] 龚世园，何绪刚. 克氏原螯虾繁殖与养殖最新技术. 北京：中国农业出版社，2011.